Zuse, Rechnender Raum

# Schriften zur Datenverarbeitung

herausgegeben von
Dr. Paul Schmitz und Dr. Christoph Heinrich

Band 1

Konrad Zuse

# Rechnender Raum

mit 74 Bildern

Springer Fachmedien Wiesbaden GmbH

Verlagsredaktion: Alfred Schubert, Burkhard Anger

ISBN 978-3-663-00810-1      ISBN 978-3-663-02723-2 (eBook)
DOI 10.1007/978-3-663-02723-2

1969





Ursprünglich erschienen bei Friedr. Vieweg + Sohn GmbH, Braunschweig 1969

Softcover reprint of the hardcover 1st edition 1969
Satz: Friedr. Vieweg + Sohn
Druck: Hans Kock, Bielefeld

Best.-Nr. 9609

# Inhaltsverzeichnis

**Gedenken an Herrn Dr. Schuff**

Die folgende Arbeit steht etwas außerhalb heute üblicher
Betrachtungsweisen, und es war daher nicht ganz leicht,
einen Verlag zu finden, der zu einer Veröffentlichung
bereit war. Ich fühle mich daher dem Vieweg-Verlag und
insbesondere Herrn Dr. Schuff zu großem Dank ver-
pflichtet. Herr Dr. Schuff machte den Vorschlag, eine
Zusammenfassung in der Zeitschrift „Elektronische
Datenverarbeitung" zu bringen, welche im vorigen Jahr
erschienen ist.
Der tragische Tod von Herrn Dr. Schuff hat alle seine
Freunde tief erschüttert, und wir werden ihn stets in
angenehmer Erinnerung behalten.

# 1. Einleitung

Es ist uns heute selbstverständlich, daß numerische Rechenverfahren erfolgreich eingesetzt werden können, um physikalische Zusammenhänge zu durchleuchten. Dabei haben wir entsprechend Bild 1 eine mehr oder weniger enge Verflechtung zwischen Mathematikern, Physikern und den Fachleuten der Informationsverarbeitung. Die mathematischen Lehrgebäude dienen dem Aufbau physikalischer Modelle, deren numerische Durchrechnung heute mit elektronischen Datenverarbeitungsanlagen erfolgt.

Die Aufgabe der Fachleute der Informationsverarbeitung besteht im wesentlichen darin, für die von den Mathematikern und Physikern entwickelten Modelle möglichst brauchbare numerische Lösungen zu finden. Ein rückwirkender Einfluß der Datenverarbeitung auf die Modelle und die physikalische Theorie selbst besteht lediglich indirekt in der bevorzugten Anwendung solcher Methoden, die der numerischen Lösung besonders leicht zugänglich sind.

Das enge Zusammenspiel zwischen Mathematikern und Physikern hat sich sehr günstig in bezug auf die Entwicklung der Modelle theoretischer Physik ausgewirkt. Das moderne Gebäude der Quantentheorie ist weitgehend reine bzw. angewandte Mathematik. Es scheint daher die Frage berechtigt, ob die Informationsverarbeitung bei diesem Zusammenspiel nur eine ausführende Rolle spielen kann, oder ob auch von dort befruchtende Ideen gegeben werden können, welche die physikalischen Theorien selbst rückwirkend beeinflussen. Diese Frage ist umso berechtigter, als sich in enger Zusammenarbeit mit der Informationsverarbeitung ein neuer Zweig der Wissenschaft entwickelt hat, nämlich die Automatentheorie.

Im folgenden werden einige Ideen in dieser Richtung entwickelt. Dabei kann keinerlei Anspruch auf Vollständigkeit in der Behandlung des Themas erhoben werden.

Eine solche Einflußnahme kann unter zwei Gesichtspunkten erfolgen:

1. Die Entwicklung und Bereitstellung von algorithmischen Verfahren, welche dem Physiker als neue Werkzeuge dienen können, seine theoretischen Erkenntnisse in praktische Ergebnisse umzusetzen. Hierzu gehören zunächst alle numerischen Verfahren, die heute bei der Anwendung elektronischer Rechengeräte noch weitgehend im Vordergrund stehen. Insbesondere zum Problem der numerischen Stabilität können vielleicht die in den folgenden Kapiteln gegebenen Gedanken einiges beitragen.

   Hierzu gehören aber auch die symbolischen Rechnungen, die heute eine immer größere Bedeutung erlangen. Man versteht darunter nicht die numerische Durchrechnung einer Formel, sondern die algebraische Behandlung der durch Zeichenfolgen (Symbole) gegebenen Formeln selbst. Gerade in der Quantenmechanik sind umfangreiche Formelentwicklungen erforderlich, bevor die eigentliche numerische Rechnung durchgeführt werden kann. Dieses sehr interessante Gebiet wird jedoch im folgenden nicht behandelt.

Mathematiker
Physiker
Enges Zusammenspiel vorhanden
Mathematische Lehrgebäude
Physikalische Modelle
Numerische Durchrechnung
Gegenseitige Befruchtung vorhanden
Gegenseitige Befruchtung noch stark ausbaufähig
Fachleute der Informationsverarbeitung und Automatentheorie

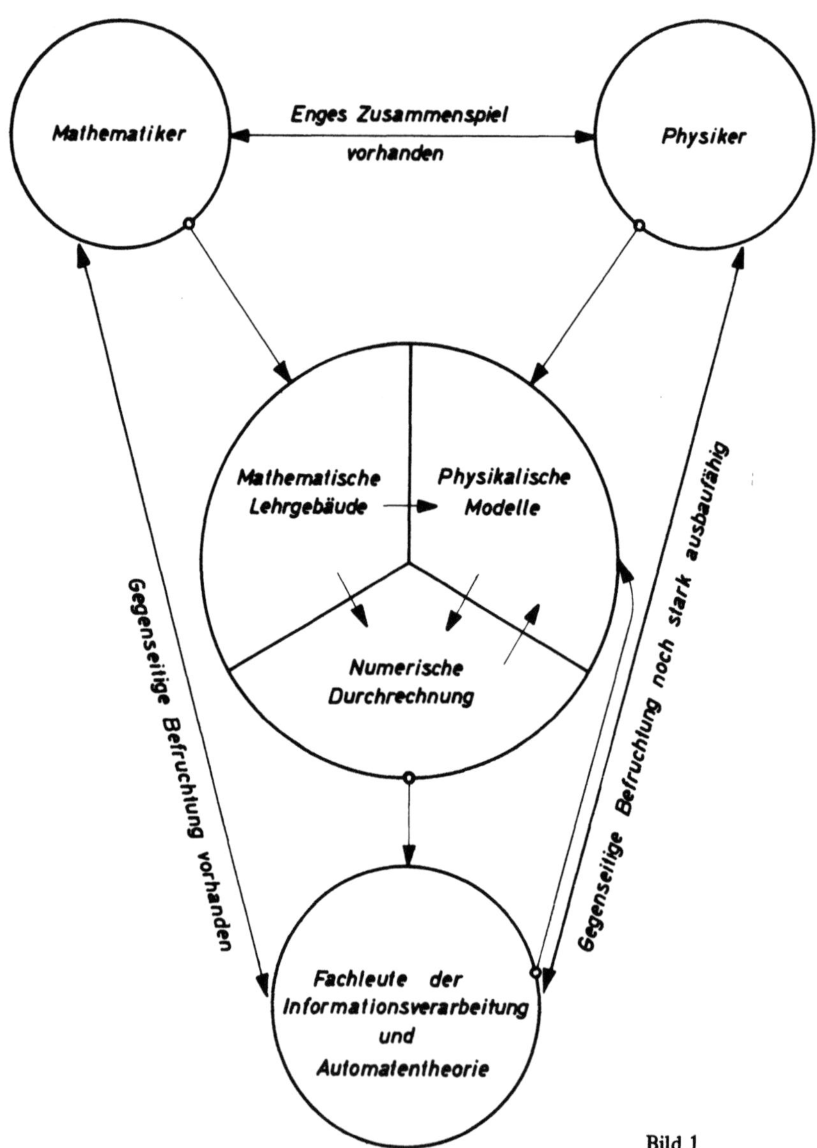

Bild 1

2. Es kann aber auch an eine direkte Einflußnahme insbesondere automatentheoretischer Gedankengänge auf die physikalischen Theorien selbst gedacht werden. Dieses Thema ist zweifelsohne das schwierigere, aber auch das interessantere.

Die Schwierigkeit besteht selbstverständlich darin, daß verschiedene Wissensgebiete miteinander in Beziehung gebracht werden müssen. Bereits die heutige Physik selbst spaltet sich immer mehr in einzelne Spezialgebiete auf. Allein die mathematischen Methoden der modernen Physik sind nicht einmal jedem Mathematiker geläufig und erfordern für ihr Verständnis ein jahrelanges Spezialstudium.

Aber auch die mit der Datenverarbeitung in Zusammenhang stehenden Theorien und Wissensgebiete spalten sich heute bereits in verschiedene Spezialzweige auf. Erwähnt seien die formale Logik, die Informationstheorie, die Automatentheorie und die Theorie der Formelsprachen. Der Gedanke, diese Gebiete, soweit sie betroffen sind, unter den Namen „Kybernetik" zusammenzufassen, hat sich noch nicht durchsetzen können. Sehr fruchtbar ist jedoch unabhängig von den verschiedenen Definitionen des Begriffes im einzelnen die Auffassung der Kybernetik als Brücke zwischen den Wissenschaften.

Der Verfasser hat in diesem Sinne als Fachmann der Datenverarbeitung einige grundsätzliche Gedanken entwickelt, die er für wert hält, zur Diskussion gestellt zu werden. Einige dieser Gedanken mögen in der vorliegenden noch unreifen Form nicht ohne weiteres mit bewährten Vorstellungen der theoretischen Physik in Einklang zu bringen sein. Das Ziel ist erreicht, wenn überhaupt eine Diskussion zustande kommt und sich daraus Anregungen ergeben, die eines Tages zu Lösungen führen, die auch den Physikern akzeptabel erscheinen.

Die im folgenden angewandte Methode ist zunächst noch heuristischer Natur. Für die Aufstellung exakter theoretischer Gebäude erscheinen dem Verfasser die Dinge noch nicht reif. Es wird zunächst in Kapitel 2 einiges zu den bestehenden mathematischen und physikalischen Modellen unter dem Gesichtspunkt der Automatentheorie gesagt. Im Kapitel 3 werden einige Beispiele für digitalisierte Modelle gebracht, und es wird der Begriff des „Digitalteilchens" eingeführt. In Kapitel 4 werden dann einige allgemeine Gedanken und Betrachtungen aufgrund der Ergebnisse von Kapitel 2 und 3 durchgeführt und in Kapitel 5 ein kleiner Ausblick für weitere Entwicklungsmöglichkeiten gegeben.

## 2. Einführende Betrachtungen

### 1. Zur Automatentheorie

Die Automatentheorie ist heute eine bereits weitgehend ausgebaute, zum Teil sehr abstrakte Theorie, über die schon eine umfangreiche Literatur besteht. Der Verfasser möchte jedoch zwischen der eigentlichen Automatentheorie selbst und der automatentheoretischen Denkweise unterscheiden, von der in den folgenden Kapiteln hauptsächlich Gebrauch gemacht wird. Für das Verständnis der weiteren Kapitel ist eine eingehende Kenntnis der Automatentheorie nicht erforderlich.

Die Automatentheorie entstand etwa gleichzeitig mit der Entwicklung der modernen Datenverarbeitungsanlagen. Der Entwurf und die Arbeitsweise dieser Anlagen erforderten theoretische Untersuchungen unter Heranziehung verschiedener mathematischer Methoden, wie z.B. der mathematischen Logik. Als erstes nützliches Produkt dieser Entwicklung entstand die Schaltungsmathematik, bei der insbesondere der Aussagenkalkül der mathematischen Logik eine wichtige Rolle spielen kann. Wesentlich ist dabei die Erkenntnis, daß alle Informationen in Form von Ja—Nein—Werten (Bits) aufgelöst werden können. Die „Wahrheitswerte" des Aussagenkalküls lassen ebenfalls nur zwei Bewertungen (wahr und falsch) zu. Die Verknüpfungsoperationen und Regeln des Aussagenkalküls können daher auch als Elementaroperationen der Informationsverarbeitung aufgefaßt werden. Bild 2 zeigt die den drei Grundoperationen des Aussagenkalküls, Konjunktion, Disjunktion und Negation, zugeordneten elementaren Schaltungen.

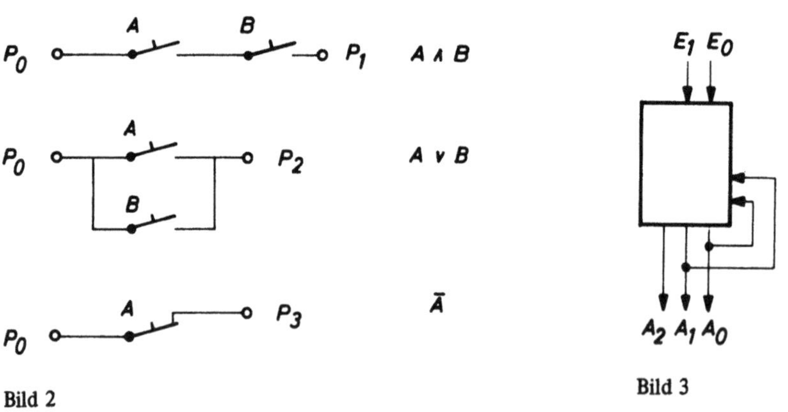


Bild 2

Bild 3

Die weiteren Untersuchungen führten zur Einführung des Begriffes des „Zustandes" eines Automaten. Ferner spielen die Eingabedaten und die Ausgabedaten eine Rolle. Aus Eingabe und gegebenem Zustand ergibt sich entsprechend dem im Automaten eingebauten Algorithmus der neue Zustand und die Ausgabe. Bild 3 zeigt das Schema

4

eines Automaten für ein zweistelliges binäres Register. $E_1$ und $E_0$ stellen die Eingänge dar, an denen eine zweistellige Binärzahl eingestellt werden kann. $A_2$, $A_1$, $A_0$ stellen die Ausgänge dar, welche die Bedeutung einer dreistelligen Binärzahl haben. Die aus den Ziffern $A_1$, $A_0$ gebildete zweistellige Binärzahl wird auf den Automaten zurückübertragen und stellt seine möglichen Zustände dar. (In diesem Fall symbolisieren die Zustände die im Addierwerk bereits eingestellte Zahl, zu der die Zahl $E_1$, $E_0$ hinzu addiert wird.) Der durch den Automaten gegebene Algorithmus kann in einfachen Fällen durch Zustandstabellen dargestellt werden. Diese haben Matrixform und geben für jeden Zustand und jede Eingabekombination den folgenden Zustand bzw. die Ausgabekombination an. Bild 4 zeigt die Zustandstabelle für den Automaten von Bild 3. In diesem besonderen Fall entspricht die Zustandstabelle einer Additionstabelle. Die Automatentheorie untersucht nun die verschiedenen möglichen Abwandlungen solcher Automaten und stellt eine Reihe von allgemeinen Gesetzen über ihre Arbeitsweise auf. Wichtig für das folgende ist der Begriff des finiten, des autonomen und des zellularen Automaten. Der finite Automat arbeitet mit einer begrenzten Zahl diskreter Zustände, er entspricht also im wesentlichen einer digitalen Datenverarbeitungsanlage, die ja aus einer begrenzten Anzahl von Elementen besteht, welche je für sich nur eine begrenzte Zahl von Zuständen (mindestens 2) einnehmen können, so daß auch der gesamte Automat nur eine begrenzte Zahl von Zuständen annehmen kann. Entsprechendes gilt für die Ein- und Ausgabe.

| $E$ \ $A$ | 00 | OL | LO | LL |
|---|---|---|---|---|
| 00 | 000 | OOL | OLO | OLL |
| OL | OOL | OLO | OLL | LOO |
| LO | OLO | OLL | LOO | LOL |
| LL | OLL | LOO | LOL | LLO |

Bild 4

Der autonome Automat enthält keine Eingabe. (Die Ausgabe spielt dabei ebenfalls eine untergeordnete Rolle.) Er kann also durch eine in sich selbständig ablaufende Maschine repräsentiert werden. Seine Zustände laufen nach Einstellen einer Startkombination in einer linearen Folge ab, und wegen Fehlens einer Eingabe ist dieser Ablauf von außen nicht beeinflußbar.

Der zellulare Automat stellt eine Spezialform eines Automaten dar, der aus periodisch wiederkehrenden Zellen aufgebaut ist, die miteinander in Verbindung stehen. Dieser Typ ist für die folgende Betrachtung besonders wichtig. Es wird daher weiter unten noch besonders darauf eingegangen.

Unter automatentheoretischer Denkweise wird eine Betrachtungsweise verstanden, bei der technische, mathematische oder physikalische Modelle unter dem Gesichtspunkt eines Ablaufs von Zuständen gesehen werden, die gesetzmäßig aufeinander folgen.

## 2. Über Rechengeräte

Die Automatentheorie kann als abstraktes mathematisches Gebäude benutzt werden, jedoch können diesen gedanklichen Gebilden auch technische Modelle zugeordnet werden, bzw. die Automatentheorie kann zur Beschreibung von Automaten, insbesondere solchen, die der Informationsverarbeitung dienen, benutzt werden. Bei der heutigen erweiterten Auffassung ist der Begriff „Rechnen" mit „Informationsverarbeitung" identisch. Dementsprechend können auch die Begriffe „Rechengeräte" und „informationsverarbeitende Geräte" als identisch aufgefaßt werden.

Wir unterscheiden nun zwei Klassen von Rechengeräten, die Analoggeräte und die Digitalgeräte. Bei Analoggeräten werden die rechnerischen Vorgänge in einem „anologen" Modell durchgeführt. Zahlenwerte repräsentierende Größen werden dabei im Prinzip durch kontinuierliche physikalische Größen, wie Positionen von mechanischen Gliedern (Drehwinkel), Spannungen, Geschwindigkeiten usw. dargestellt. Auch der Ablauf ist im wesentlichen stetig. Die dargestellten Werte sind dabei selbstverständlich technischen Grenzen unterworfen. Diese sind durch Maximalwerte und die Genauigkeit gegeben. Die Maximalwerte sind durch eine klar bestimmbare Grenze gegeben, die den technischen Grenzen des Systems entsprechen. Die Genauigkeit ist dagegen keine klar erfaßbare Größe, da sie von Zufälligkeiten und äußeren Einflüssen (Temperatur, Feuchtigkeit, Störfeldern usw.) abhängt. Ein bekanntes Analogrechengerät ist der Rechenschieber. Bild 5 zeigt ein mechanisches Addiergetriebe in Hebelform, welches auch durch ein rotierendes Getriebe mit Kegelrädern entsprechend Bild 6 ersetzt werden kann. Dieses Getriebe ist in der Technik unter dem wenig passenden Namen „Differentialgetriebe" bekannt und in der Antriebsachse eines jeden Autos eingebaut.

Ein typisches Bauelement aus Analoggeräten stellt das Integriergetriebe entsprechend Bild 7 dar. Dieses arbeitet mit einer Reibscheibe A, mit welcher eine Reibrolle B in Eingriff steht. Der Abstand r der Reibrolle B von der Achse von A ist dabei verstellbar. Das Getriebe kann daher gut zum Integrieren benutzt werden. Bei modernen Analoggeräten werden diese mechanischen Elemente durch elektronische ersetzt. So kann z. B. die Integration durch Aufladen eines Kondensators durchgeführt werden.

Unstetige Prozesse sind durch Analoggeräte im allgemeinen nicht darstellbar, bzw. die Analoggeräte sind hierfür schlecht geeignet.

Bei den digitalen Geräten werden sämtliche Werte ziffernmäßig dargestellt. Da ein digitales Rechengerät nur mit begrenzter Stellenzahl gebaut werden kann, steht zur

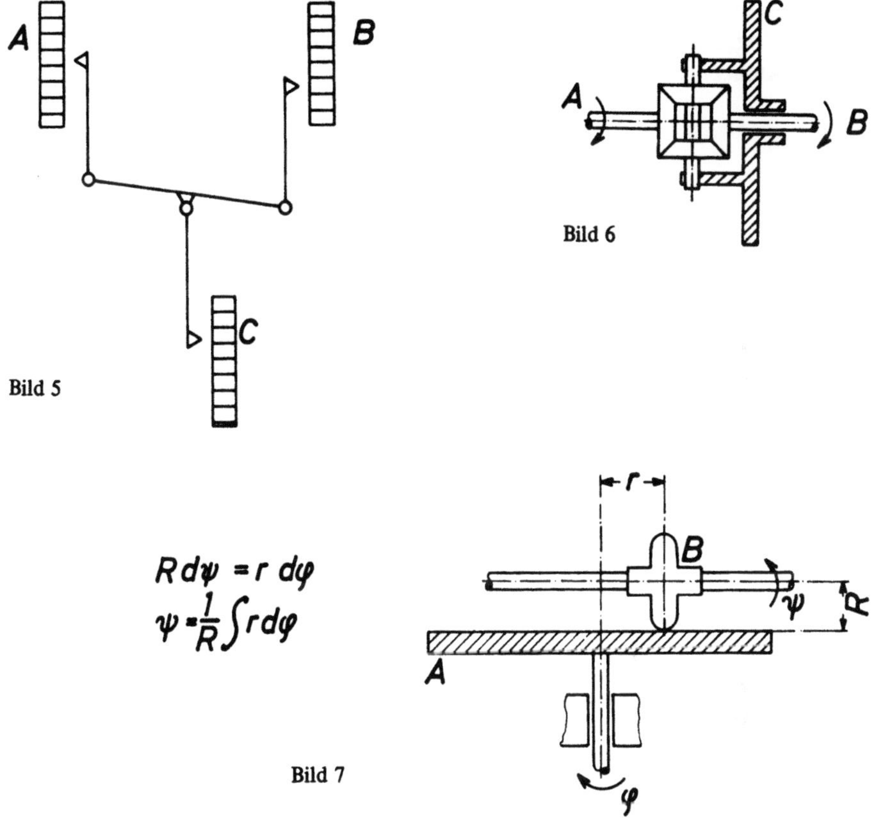





$$Rd\psi = r\,d\varphi$$
$$\psi = \frac{1}{R}\int r\,d\varphi$$



Darstellung von kontinuierlichen Werten auch nur ein begrenzter Wertevorrat zur Verfügung. Das bedeutet wesentliche Abweichungen von den Modellen der Mathematik. Die Werte der Mathematik unterliegen in zweierlei Hinsicht dem Begriff der Unendlichkeit:

Einmal ist die absolute Größe der Zahlen unbeschränkt; zum anderen kann man sich zwischen zwei gegebenen Werten beliebig viele Zwischenwerte eingeschaltet denken. Rechengeäte dagegen haben — unabhängig vom benutzten Zahlencode — notwendigerweise Maximalwerte, die aus technischen Gründen (Stellenzahl der Register und Speicher) nicht überschritten werden können. Ferner sind die Werte gestuft. Es gibt benachbarte Werte, zwischen die keine weiteren Zwischenwerte eingeschaltet werden können. Dies äußert sich unter anderem in begrenzter Genauigkeit. Im Gegensatz zu den Analoggeräten ist diese Genauigkeit jedoch streng bestimmt und unterliegt keinerlei zufälligen Einflüssen.

Eine weitere Folge ist, daß kein digitales Gerät exakt in der Lage ist, die durch die
Axiome der Arithmetik gegebenen Regeln zu simulieren. So gilt z. B. in der Mathematik der Ansatz

$$\frac{a \cdot b}{a} = b$$

allgemein, mit der einzigen Ausnahme, daß a nicht gleich 0 gesetzt werden darf. Es
gibt keinen finiten Automaten, der diesen Sachverhalt exaxt und generell darzustellen
in der Lage ist. Es ist jedoch möglich, durch Erhöhung der Stellenzahl vor und hinter dem Komma einer digitalen Rechenanlage die Gesetze der Arithmetik beliebig
anzunähern.

Wir haben uns in der Mathematik bereits so sehr an den Gedanken des Unendlichen
gewöhnt und nehmen diesen oft kritiklos hin, ohne uns darauf zu besinnen, daß jeder
Unendlichkeitsbegriff an eine Reihenentwicklung oder einen Grenzprozeß gebunden
ist. („Zu jeder Zahl gibt es einen Nachfolger".) Überträgt man dieses Verfahren auf
die Automatentheorie, so kommen wir anstelle eines fest vorgegebenen finiten Automaten zu einer Reihe von Automaten, welche nach einem bestimmten Schema aufgebaut sind und sich nur in der Stellenzahl unterscheiden. Gegeben ist die Bauvor-
schrift für einen Automaten der Stellenzahl n, ferner die Vorschrift, um aus einem
Automaten der Stellenzahl n einen Automaten der Stellenzahl n + 1 zu entwickeln.
Durch den Grenzvorgang lim n → ∞ erhält man dann durch Reihenentwicklung das
Automatengesetz für arithmische Operationen.

Der digitale Automat hat jedoch gerade durch die Möglichkeit, nicht nur Zahlen,
sondern auch allgemeine Informationen zu verarbeiten, gegenüber den Analoggeräten
ganz neue Gebiete erschlossen, worauf weiter unten im einzelnen noch eingegangen
wird. Mit digitalen Rechnern sind im allgemeinen alle Rechenprobleme irgendwie
lösbar, während Analoggeräte mehr für spezielle Aufgaben geeignet sind. Es ist noch
zu betonen, daß digitale Rechengeräte streng determiniert arbeiten. Bei Anwendung
des gleichen Algorithmus, also des gleichen Programms, und Einstellung derselben
Eingangswerte müssen immer dieselben Resultate herauskommen. Die begrenzte
Genauigkeit hat bei mehrfacher Durchführung mit den gleichen Eingangswerten stets
dieselben Ungenauigkeiten bei den Resultaten zur Folge. Im Gegensatz dazu wirkt
sich die begrenzte Ungenauigkeit der Analoggeräte bei jedem einzelnen Ablauf verschieden aus und kann nur statistisch erfaßt werden.

Zur Ergänzung der Beschreibung der digitalen und der Analogrechner sei erwähnt,
daß man noch das hybride System angewendet hat, welches aus einer Mischung beider
Prinzipien besteht.

Dies kann einmal einfach dadurch erfolgen, daß beide Gerätetypen nebeneinander arbeiten und nur an Übergangsstellen sogenannte Digital-Analog-Wandler und Analog-Digital-Wandler eingesetzt werden (Bild 8). Bei derartigen Systemen verteilt man die einzelnen Teile einer Aufgabe jeweils so, daß für das spezielle Teilproblem die günstigste Technik ausgewählt wird.

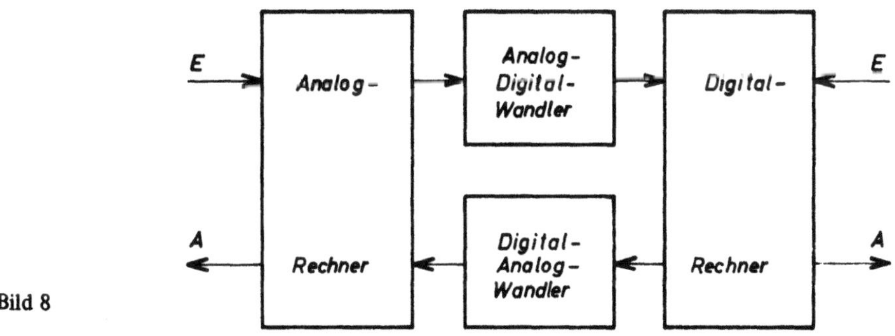


Bild 8

Die Vereinigung beider Systeme kann aber auch bei der Darstellung der Werte selbst erfolgen. So z.B. kann eine Größe durch die Dichte einer Impulsfolge dargestellt werden (Bild 9). Die Impulse selbst haben digitalen Charakter, da sie in ihrer Intensität und Dauer normiert, also digital sind, ihre Dichte (d.h. die Zahl der Impulse pro Zeiteinheit) kann jedoch beliebige Zwischenwerte annehmen, hat also analogen Charakter. Man ist z.B. heute der Ansicht, daß das menschliche Nervensystem nach diesem Prinzip arbeitet.

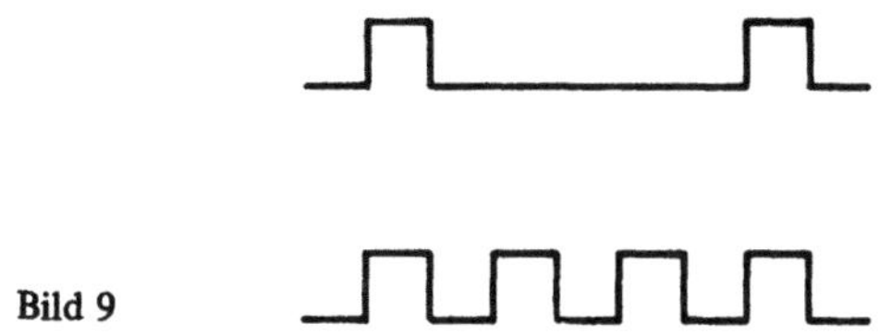

Bild 9

### 3. Differentialgleichungen unter dem Gesichtspunkt der Automatentheorie

Daß diese Denkweise bei Mathematikern und Physikern keineswegs selbstverständlich ist, zeigt eine Betrachtung verschiedener Differentialgleichungen. Wir verfügen über eine Reihe von Modellen physikalischer Gegebenheiten, die durch Differentialgleichungen repräsentiert werden. Zum Beispiel können wir für die Oberflächengestalt

einer in einem Gefäß rotierenden Flüssigkeit eine einfache Differentialgleichung ansetzen, welche besagt, daß an jedem Punkt der Oberfläche die Normale in Richtung
der Resultierenden aus Schwere- und Zentrifugalbeschleunigung liegen muß (Bild 10).
Diese Gleichung lautet:

$$y' = \frac{r\omega^2}{g} \quad (\omega = \text{Winkelgeschwindigkeit des Gefäßes})$$

Die Lösung können wir sehr einfach analytisch finden:

$$y = \frac{\omega^2}{2g} \cdot r^2$$

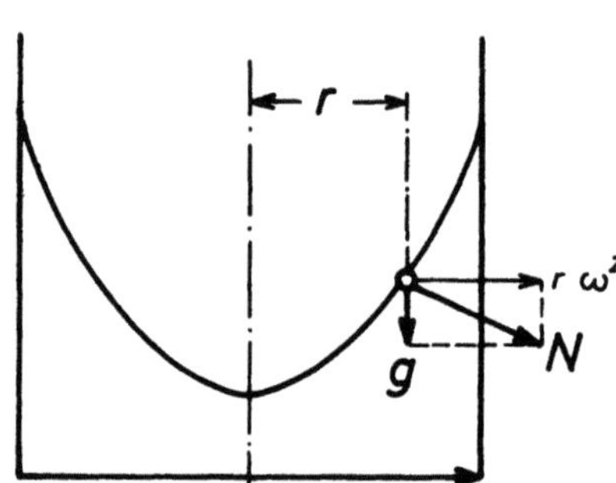


Bild 10

Tatsächlich haben wir aber hiermit nur ein Gesetz gefunden, welches den sich nach
einer gewissen Zeit einstellenden Gleichgewichtszustand beschreibt. Jedem Gleichgewichtszustand geht jedoch ein Geschehen voraus. In unserem Versuch mit dem rotierenden Gefäß müßte, ausgehend vom Ruhezustand, zunächst eine Übertragung
der Rotationsbewegung durch Reibung auf die Flüssigkeit erfolgen. Erst nach einem
komplizierten Wellenspiel, welches mit der Zeit gedämpft wird, stellt sich die Gleich-
gewichtslage ein. Das heißt, unsere Differentialgleichung ist nicht in der Lage, das
eigentliche Geschehen bei diesem Vorgang zu beschreiben. Die dabei auftretenden
Vorgänge sind ganz wesentlich komplizierter und mathematisch kaum zu beherrschen.
Wir wissen jedoch, daß wir alle diese komplizierten Vorgänge nicht im einzelnen zu
verfolgen brauchen, wenn uns lediglich der Endzustand interessiert.

Ähnlich liegen die Verhältnisse bei vielen partiellen Differentialgleichungen. Bei ebenen und räumlichen Spannungszuständen werden durch diese Gleichungen die Span-
nungsverteilungen eines Gleichgewichtszustandes beschrieben. Das „Einspielen"
dieses Gleichgewichtes erfolgt jedoch in Wirklichkeit über komplizierte dynamische
Vorgänge, wobei wiederum die Dämpfung dieser Vorgänge die Voraussetzung für das
schließliche Eintreten eines Gleichgewichtszustandes darstellt.

Auch bei der Theorie der idealen inkompressiblen Flüssigkeit beschreiben die Differentialgleichungen einen solchen Endzustand. Der wirkliche Vorgang bis zum Erreichen dieses Endzustandes aus der Ruhe heraus ist ohne Kompressibilität und Dämpfung von Einschwingvorgängen wohl kaum darstellbar.

10

Es handelt sich bei solchen Differentialgleichungen also nicht um ein Gesetz, welches im Sinne der Automatentheorie als funktionale Abhängigkeit verschiedener aufeinanderfolgender Zustände beschrieben werden kann. Dies hat auch Einfluß auf die numerischen Lösungsmöglichkeiten. Differentialgleichungen, welche die gesetzmäßige Aufeinanderfolge von Zuständen eines Systems beschreiben, sind der numerischen Lösung oft leichter zugänglich, als solche, die gewissermaßen nur die Kontrollfunktion über einen Endzustand übernehmen. Tatsächlich müssen Lösungen für solche Endzustände numerisch auch meistens schrittweise, etwa mit Hilfe des Relaxationsverfahrens gefunden werden. Es braucht jedoch bei diesen schrittweisen Annäherungen des Endzustandes nicht Wert darauf gelegt zu werden, hierbei den natürlichen oder technischen Prozeß zu simulieren, sondern es können vom Standpunkt der numerischen Rechnung her einfachere Verfahren verwendet werden.

Eine solche im Sinne der Automatentheorie einen Ablauf beschreibende Differentialgleichung kann man auch die „Ergibtform" nennen, weil aus einem gegebenen Zustand durch Anwendung der Differentialgleichung sich der Folgezustand ergibt. Bei Flüssigkeiten und Gasen führt erst die Einbeziehung der Kompression auf eine solche Ergibtform. Der Zustand eines Systems ist durch die Druck- und Geschwindigkeitsverteilung gegeben. Die Druckdifferenzen ergeben die Kräfte, wodurch sich eine neue Geschwindigkeitsverteilung ergibt, welche wiederum durch die Bewegung der Massen eine neue Dichte und damit Druckverteilung zur Folge hat. Der „Zustand" des Feldes ist also durch ein skalares Dichtefeld $\gamma$ und ein Geschwindigkeitsfeld $v$ gegeben. Die Gleichungen kann man dann in folgender Weise auf die Ergibtform bringen:

$$k \operatorname{grad} \gamma \quad \Rightarrow \quad \frac{\partial \omega}{\partial t}$$

$$- \operatorname{div} \omega \quad \Rightarrow \quad \frac{\partial \gamma}{\partial t}$$

(k ist ein Faktor, der sich aus den physikalischen Verhältnissen ergibt.)

Noch klarer kommt der algorithmische Charakter in folgender Form zum Ausdruck:

$$\omega + k \,(\operatorname{grad} \gamma)\, dt \quad \Rightarrow \omega$$

$$\rho - \;(\operatorname{div} \omega)\, dt \quad \Rightarrow \gamma$$

Entsprechend den bei Programmiersprachen (algorithmischen Sprachen) üblichen Regeln beziehen sich gleiche Symbole auf beiden Seiten des Ergibtzeichens auf verschiedene aufeinanderfolgende Zustände des Systems $(\omega, \gamma)$.

Bei inkompressiblen Flüssigkeiten besteht jedoch die Bedingung   $\operatorname{div} \gamma = 0$

Diese Gleichung hat keinen algorithmischen Charakter und kann daher nicht auf die „Ergibtform" gebracht werden. Sie stellt lediglich eine Bedingung für die Richtigkeit einer auf anderem Wege gefundenen Lösung dar.

## 4. Maxwellsche Gleichungen

Auch die *Maxwellschen Gleichungen* lassen sich unter diesem Gesichtspunkt betrachten. Wir beschränken uns auf die Gleichungen, welche die Feldausbreitung im Vakuum beschreiben:

$$\operatorname{rot} \mathcal{H} = \frac{1}{c}\frac{\partial \mathcal{E}}{\partial t}, \quad \operatorname{div} \mathcal{E} = 0$$

$$\operatorname{rot} \mathcal{E} = -\frac{1}{c}\frac{\partial \mathcal{H}}{\partial t}, \quad \operatorname{div} \mathcal{H} = 0$$

Die beiden Gleichungen, welche den Differentialoperator rot enthalten, lassen sich wieder gut auf die „Ergibtform" bringen:

$$\mathcal{E} + c\,(\operatorname{rot} \mathcal{H})\,dt \Rightarrow \mathcal{E}$$

$$\mathcal{H} - c\,(\operatorname{rot} \mathcal{E})\,dt \Rightarrow \mathcal{H}$$

(Rotor von $\mathcal{H}$ ergibt den Zuwachs von $\mathcal{E}$, Rotor von $\mathcal{E}$ ergibt den Zuwachs von $\mathcal{H}$.)

Die beiden Divergenzgleichungen lassen jedoch wieder keine Ergibtform zu. Bezieht man die Quellengebiete des Feldes mit ein, so erhält man:

$$\operatorname{div} \mathcal{E} = 4\,\pi\,\rho$$

Diese Gleichung genügt jedoch nicht, um das Ausbreitungsgesetz einer Quelle algorithmisch als Vorgang zu beschreiben. Sind die Maxwellschen Gleichungen also unvollständig? Durch sie wird lediglich die Ausbreitung transversaler, jedoch nicht longitudinaler Wellen beschrieben. Daß die Maxwellschen Gleichungen in der bekannten Form tatsächlich genügen, um alle Vorgänge in elektromagnetischen Feldern zu beschreiben, hat seinen Grund darin, daß es in der Natur keine wachsenden oder neu entstehenden bzw. verschwindenden Quellen gibt. Es kommen lediglich Verschiebungen von Ladungen vor. Bei derartigen Verschiebungen werden aber die damit verbundenen Änderungen der Felder durch die Maxwellschen Gleichungen hinreichend beschrieben. Den exakten mathematischen Beweis hierfür hat der Verfasser allerdings noch in keinem Lehrbuch gefunden. Einen interessanten Beitrag hierzu liefert „Becker-Sauter" Seite 186, wo das Feld für eine gleichmäßig bewegte Ladung abgeleitet wird. Dies ergibt interessanterweise eine elliptische Deformation des bei ruhender Ladung kugelsymmetrischen Feldes. Diese Deformation entspricht der Lorentz–Kontraktion. Man könnte also den Satz „Die Maxwellschen Gleichungen sind in bezug auf die spezielle Relativitätstheorie invariant" auch anders formulieren: „Dadurch, daß die Natur bei der Feldausbreitung den Trick der Querausbreitung (Rotor) benutzt, ist das Gebäude der speziellen Relativitätstheorie logisch begründet."

12

Eine Vorstellung von der Funktionsweise dieser Querausbreitung kann man sich wie
folgt machen: Angenommen, wir wollen das Feld für zwei entgegengesetzte Ladungen + e und − e rechnerisch ermitteln und nehmen an, daß wir die an sich bekannte
und auch leicht analytisch ableitbare Feldverteilung noch nicht kennen. Wir beginnen
entsprechend Bild 11 mit einer sicher falschen Verteilung, indem wir einfach + e mit
− e durch einen geradlinigen Fluß von der Quelle zur Senke verbinden. Bei Ansatz
der Maxwellschen Gleichungen auf diese Feldverteilung ergibt sich dann schrittweise
in asymptotischer Annäherung das gesuchte Feld.

Es zeigt sich also, daß wir bei der Behandlung elektromagnetischer Felder ohne das
Gesetz

$$-\operatorname{div} \mathfrak{E} \Rightarrow \frac{\partial \gamma}{\partial t}$$

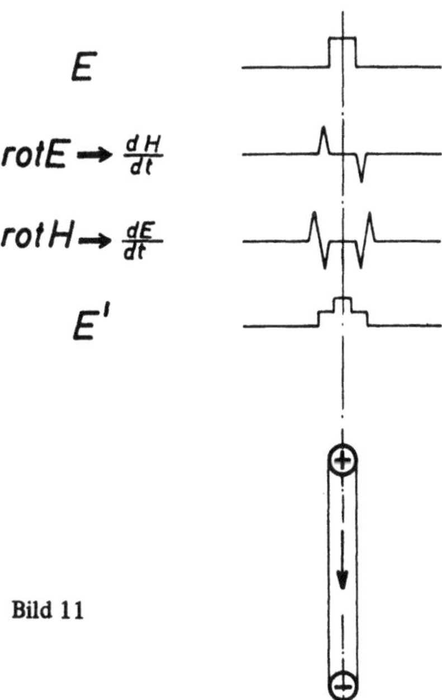



Bild 11

auskommen, welches, wie wir sehen, bei kompressiblen Flüssigkeiten notwendig ist.
Wir kommen somit auch ohne die Einführung einer elektrischen Felddichte $\gamma$ aus.
Die Tatsache, daß wir ohne dieses Gesetz auskommen, ist jedoch noch kein Beweis
dafür, daß die Natur ohne dieses Gesetz arbeitet. Angenommen, es gäbe ein solches
Gesetz, so könnten wir seine Gültigkeit wohl kaum feststellen; denn die beiden
„Rotor"–Gleichungen ermitteln ja von sich aus bereits die Feldverteilung so, daß

$$\operatorname{div} \mathfrak{E} = 0$$

allgemein erfüllt ist. Infolgedessen kann der Divergent auch keinen Beitrag zur Feldausbreitung liefern. Da wir keine Ladungen erzeugen und vernichten können, sind wir
experimentell auch nicht in der Lage, die Natur auf die Gültigkeit eines solchen Gesetzes der longitudionalen Ausbreitung zu prüfen.

Welchen Sinn hat dann aber die Frage nach diesem Gesetz? Diese Frage ist interessant im Zusammenhang mit der numerischen Stabilität, und es wird weiter unten
noch einmal darauf eingegangen.


## 5. Ein Gedanke zur Gravitation

In diesem Zusammenhang sei eine kurze Betrachtung der Gravitation eingeschoben:
Nimmt man die Gültigkeit der Maxwellschen Gleichungen im übertragenen Sinne
auch für die Gravitation an, so wäre damit in einfacher Weise die Ausbreitung der
Gravitationsfelder bei bewegten Massen und die Invarianz der aufgrund dieser Ausbreitung sich ergebenden Gesetze der Himmelsmechanik in bezug auf die spezielle
Relativitätstheorie erklärt. Da die relative Geschwindigkeit der unserer näheren Beob-
achtung zugänglichen Himmelskörper in der Größenordnung 1/10000 der Lichtgeschwindigkeit liegen, wären die „gravitationsmagnetischen" Felder wohl so schwach,
daß sie nicht meßbar wären. Allerdings müßte man wohl mit einer schwachen Dämpfung der Planetenbewegung rechnen. Für eine kritische Betrachtung dieses Gedankens
seitens eines Physikers wäre der Verfasser sehr dankbar.


## 6. Differentialgleichungen und Differenzengleichungen, Digitalisierung

Sind Differentialgleichungen im Sinne der Automatentheorie in der „Ergibtform"
gegeben, so können sie durch ein technisches Modell, einen Automaten, simuliert
und gelöst werden. An sich bietet sich als idealer Automat der Analogrechner an.
Er arbeitet im Prinzip mit kontinuierlichen Werten und stetigem Ablauf, das heißt,
wir haben eine stetige Folge von Zuständen, von denen der folgende stets durch den
vorhergehenden gesetzmäßig festgelegt ist. Tatsächlich werden Analoggeräte vorzugs-
weise zur Durchrechnung von Differentialgleichungen eingesetzt. Jedoch unterliegen
die Möglichkeiten der Analogrechner ziemlich engen Grenzen. Für partielle Differentialgleichungen lassen sich nur in Spezialfällen analoge technische Modelle konstruieren.

Die Lösung von Differentialgleichungen durch digitale Automaten stößt nun sofort
auf die bereits erwähnten Schwierigkeiten: Differentialgleichungen arbeiten mit
kontinuierlichen Werten und unendlicher Felddichte. Digitale Geräte arbeiten mit
diskontinuierlichen Werten. Eine unendliche Felddichte würde eine unendliche Speicherkapazität und unendliche Rechendauer erfordern. Es müssen also in beiden Richtungen Kompromisse geschlossen werden.

Bei numerischen Lösungen geht man im allgemeinen zunächst von der Differentialgleichung zur Differenzengleichung über. Dabei betrachtet man die auftretenden
Werte noch als kontinuierlich. Tatsächlich ist ja auch der Übergang vom Differenzenquotienten zum Differentialquotienten an einen doppelten Grenzübergang gebunden:
1. $\Delta x \rightarrow dx$, 2. Erhöhung der Stellenzahl der erfaßten Größen. Der erste Grenzübergang führt nur in stetiger Weise zu einem Grenzwert, wenn der zweite Grenzübergang vorwegläuft; das heißt, die Bildung der Differenzenquotienten hat nur einen
Sinn, wenn die Stufung der Werte wesentlich feiner ist als die gewählten $\Delta$–Werte.
Dieser Umstand hat sicher auch Einfluß auf die numerische Stabilität einer Rechnung.

Werden die Grenzübergänge so durchgeführt, daß die $\Delta$–Werte in der Größenordnung
der Zahlenstufe bleiben, so bleibt der treppenförmige Charakter der Kurve erhalten
und es kann kein Differentialquotient gebildet werden.

Bei den späteren Betrachtungen wird dieser Umstand absichtlich ausgenutzt werden,
und zwar durch konsequente Weiterentwicklung des Gedankens der Digitalisierung.

Durch die systematische Verringerung der Stellenzahl der behandelten Größen kommt
man schließlich dahin, nur noch mit elementaren logischen Variablen, z.B. Ja–Nein-
Werten, bzw. dreifach variablen Werten zu arbeiten. Wie wir später noch sehen werden, haben ternäre Werte sowie damit aufgebaute ternäre Zahlensysteme mitunter
besondere Vorteile, da Auf– und Abrundungen leichter durchzuführen sind und die
bei der Verteilung einer Feldgröße auf 6 benachbarte „Zellen" erforderliche Divi-
sion durch 6 leichter durchführbar ist. Gibt man den Ziffern die Wertigkeit $+1, 0$,
$-1$, so entspricht dies ferner den möglichen elektrischen Ladungen physikalischer
Partikel $+e, 0, -e$.

Die stetige Felddichte muß bei numerischen Lösungen in Einzelwerte aufgelöst
werden, was am einfachsten durch Annahme von Gitternetzen erfolgt. Das einfachste Gitternetz ist zweifelsohne das orthogonale. Jedoch sind auch andere möglich,
in der Ebene z.B. Dreieck– und Sechseck–Gitter und im Raum Gitter entsprechend
der dichtesten Kugelpackung. Treten in der Rechnung mehrere verschiedene Feldwerte auf (z.B. Geschwindigkeitsvektoren, Dichte), so müssen diese Werte nicht
unbedingt in den gleichen Gitterpunkten lokalisiert werden. Werte, die sich aus Differenzen benachbarter anderer Feldwerte ergeben, können praktisch zwischen diese
gelegt werden, so daß wir es mit mehreren ineinander versetzten Gittern zu tun haben. Es ist auch nicht nötig, die drei Komponenten eines räumlichen Vektors im
gleichen Gitterpunkt zu lokalisieren. Auch hierbei ist die Auflösung möglich. Es ist
ferner nicht nötig, beim Aufbau digitaler Raumstrukturen diese den Gesetzen des
Euklidischen Raumes anzunähern. Vorher seien noch einige allgemeine Betrachtungen physikalischer Problemstellungen unter dem Gesichtspunkt der Automatentheorie durchgeführt.

## 7. Automatentheoretische Betrachtungen physikalischer Theorien

Bis hierher haben wir nur die Frage behandelt, mit Hilfe von Rechenmaschinen physikalische Modelle anzunähern und physikalische Vorgänge rechnerisch zu verfolgen. Man könnte in diesem Zusammenhang aber auch eine grundsätzlich andere Frage aufwerfen:

Wie weit sind die durch das Studium der rechnerischen Lösungen gewonnenen Erkenntnisse auf die physikalischen Modelle selbst anwendbar? *Ist die Natur digital, analog oder hybrid?* Ja, ist es überhaupt berechtigt, eine solche Frage zu stellen?

Die klassischen Modellvorstellungen der Physik haben zweifelsohne analogen Charakter. Die Feldgrößen der verschiedenen Potentiale, etwa der Schwerkraft, unterliegen keinerlei irgendwie gearteter „Körnung". Es bestehen keinerlei Grenzen etwa in Form von „Schwellwerten" (Mindestgröße), Grenzwerten (Maximalwerte) oder in bezug auf die Dichte des Feldes selbst. Auch die Erweiterung der klassischen Gesetze durch die Relativitätstheorie arbeitet noch völlig in der Vorstellung des Kontinuums. Nur für die Geschwindigkeit wird eine absolute obere Grenze eingeführt, die Lichtgeschwindigkeit, was aber immer noch mit „analogem" Denken in Einklang steht.

Erst durch die Einführung der Körnigkeit der Materie durch ihre Auflösung in Moleküle, Atome und Elementarteilchen erhalten einige Größen einen diskreten Charakter, was jedoch nicht unbedingt mit einer „digitalen" Auffassung der Naturgesetze gleichzusetzen ist. Das klassische Mehrkörperproblem hat analogen Charakter, auch wenn es sich bei den einzelnen Körpern um individuelle Gegenstände mit diskreten Eigenschaften (Masse) handelt.

Erst die Quantenphysik weicht in einiger Hinsicht von der Idee der kontinuierlichen Größen ab, indem sie für gewisse physikalische Größen nur diskrete Werte zuläßt. Am bekanntesten ist die Beziehung zwischen Frequenz und Energie etwa eines Lichtquants, das der Formel $E = h \cdot \gamma$ unterliegt, wobei h eine universelle Naturkonstante ist. Allerdings ist auch hierbei nicht die Energie selbst quantisiert, sondern lediglich der Quotient $\frac{E}{\gamma}$. Es ist dies etwas anderes, als wenn in einer digitalen Rechenmaschine die Energie aufgrund der begrenzten Stellenzahl des Rechners nur eine diskrete Zahl von Werten annehmen kann.

Die Annahmen der Quantentheorie haben weitgehende Konsequenzen in bezug auf die Quantisierung verschiedener physikalischer Größen. Die Vorstellung des klassischen räumlichen Kontinuums wird zwar verlassen, jedoch nicht, indem anstelle des Kontinuums etwa ein Gitter diskreter Werte tritt, sondern indem man zu grundsätzlich anderen Ansätzen übergeht, wie etwa zum höher dimensionalen Konfigurationsraum, in welchem Wahrscheinlichkeitsgrößen definiert sind (z.B. Aufenthaltswahrscheinlichkeit eines Partikels). Auch bei dieser Vorstellung wird nicht von der Idee des Kontinuums als solchem abgegangen, denn die Differentialgleichungen der Quantenmechanik sind in bezug auf die Feldgrößen selbst keinerlei Beschränkungen unterworfen.

Wir haben es also bei den Modellen der heutigen modernen Physik sowohl mit kontinuierlichen als auch mit diskreten Werten zu tun. Demnach wäre es angemessen, von einem hybriden System zu sprechen. Allerdings wird es schwierig sein, ein technisches Modell eines hybriden Rechners zu finden, dessen Verhalten den Gesetzen der Quantenphysik genügt.

Wir haben also zunächst einmal als vorläufiges Ergebnis erkannt, daß unsere physikalischen Modelle am besten als hybride Systeme aufgefaßt werden können. Lassen sich damit aber Rückschlüsse auf die Natur ziehen? Ist die Natur deswegen auch als hybrides System aufzufassen?

Über voll digitale physikalische Modelle verfügen wir heute noch nicht. Bei völliger Unvoreingenommenheit erscheint die Frage berechtigt, ob beliebig unterteilbare, also echte kontinuierliche Größen in der Natur überhaupt denkbar sind. Was wären z. B. die Konsequenzen, wenn wir zur restlosen Quantelung der gesamten Naturgesetze übergehen würden und annehmen würden, daß grundsätzlich jede physikalische Größe irgendwie einer Quantelung unterliegt?

Bevor auf die eigentliche Fragestellung eingegangen wird, sei zunächst als Beispiel das klassische Modell der Thermodynamik betrachtet, bei dem das Verhalten von Gasen durch das Modell der im Raum frei beweglichen und gegenseitig aufeinanderstoßenden Gummibälle behandelt wird. Setzt man für das statistische Verhalten dieser Bälle eine Differentialgleichung an, so gilt dies nur in räumlichen Ausdehnungen, die groß sind im Verhältnis zum durchschnittlichen Abstand der einzelnen Teilchen. Wir haben es hier also mit einem Modell zu tun, das im Großen analog betrachtet werden kann, im Kleinen jedoch durch die Körnigkeit der Materie charakterisiert ist.

Wie würde die rechnerische Lösung aussehen, wollte man das Modell der fliegenden und stoßenden Teilchen direkt simulieren?
Selbstverständlich geht man dann nicht mehr von einer Differentialgleichung aus, sondern verfolgt durch digitale Rechnung die Flugbahnen der einzelnen Teilchen (Bild 12, 13, 14). Es ist leicht möglich, für moderne elektronische Rechenanlagen ein Programm hierfür aufzustellen. Wir wollen uns im Rahmen unserer Betrachtung nicht daran stören, daß die Rechnung selbst verhältnismäßig umfangreich und langwierig sein wird, da erst bei einer großen Anzahl von Teilchen statistisch brauchbare Ergebnisse erzielt werden können. Die Flugbahnen selbst sind einfach zu errechnen, da sie geradlinig sind (Schwerkraft vernachlässigt). Interessant sind die Stoßvorgänge. Wir nehmen Teilchen gleicher Masse und gleichen elastischen Verhaltens an. Wir betrachten zunächst die Fälle, bei denen sich die Teilchen genau treffen, d.h. daß einmal ihre Bahnen in einer Ebene liegen und sich somit schneiden und zum anderen die Mittelpunkte beider Teilchen gleichzeitig an diesem Schnittpunkt eintreffen. Dieser

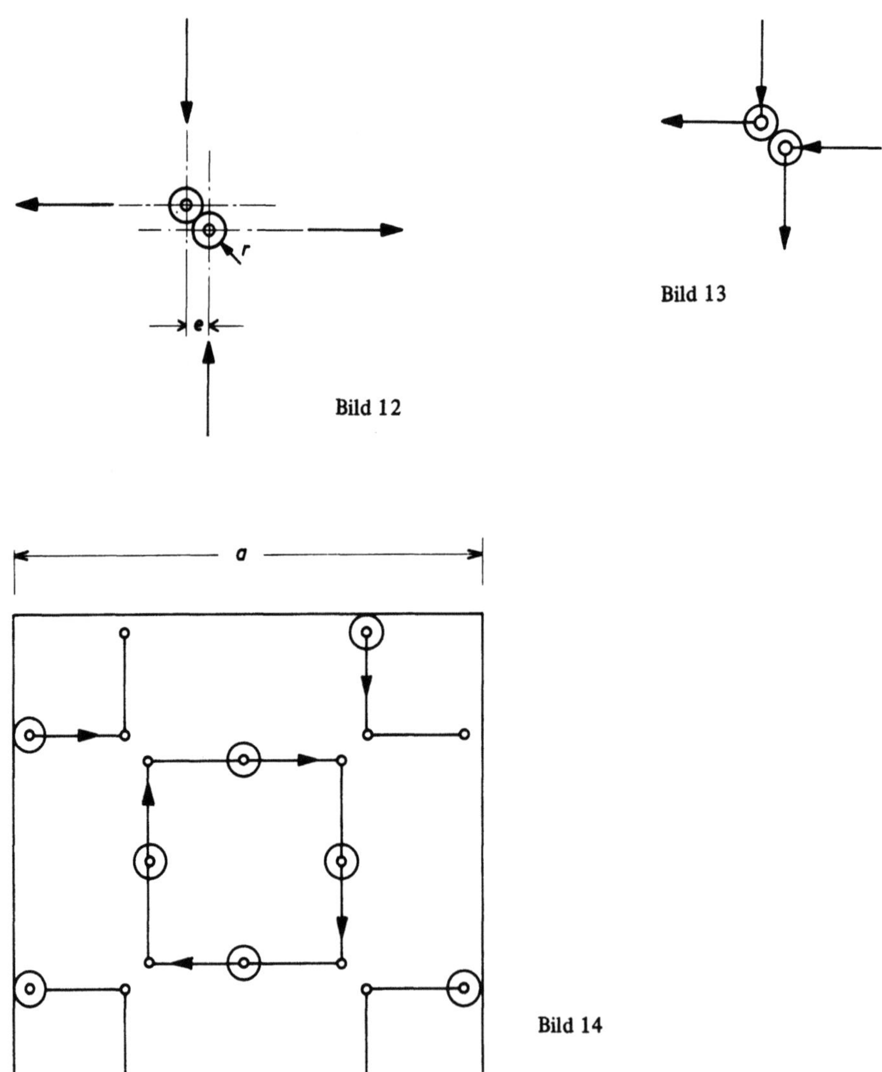



Bild 12

Bild 13

Bild 14

Fall ist jedoch uninteressant, da der Fall des federnden Stoßes sich nicht wesentlich von dem Fall unterscheidet, daß beide Teilchen ungehindert ihre Bahn fortsetzen, wenn man von der Individualität der Teilchen absieht. Außerdem konvergiert bei allgemeinen Ansätzen die Wahrscheinlichkeit für das Eintreten eines solchen Falles mit zunehmender Genauigkeit der Rechnung gegen 0. Interessant sind also nur diejenigen Fälle, bei denen die Bahnen sich nicht genau schneiden, oder bei denen die

18

Mittelpunkte nur annähernd zur gleichen Zeit am ungefähren Schnittpunkt eintreffen. Hier haben wir nach dem Zusammenstoß andere Teilchenbahnen als vorher. Wir brauchen uns hier nicht damit aufzuhalten, das Gesetz dieses Stoßes im einzelnen festzulegen. Das Verhalten hängt von der angenommenen Größe der Teilchen und dem Elastizitätsgesetz ab. Große Teilchen stoßen häufiger aufeinander als kleine. Harte Teilchen verhalten sich anders als weiche. Das statistische Endergebnis für das Verhalten einer großen Anzahl von Teilchen ist dasselbe. Vergleichen wir aber ein solches rechnerisches Modell mit dem physikalischen Modell, so ergeben sich interessante Gesichtspunkte:

Bei beiden Modellen können wir beobachten, daß im allgemeinen geordnete Zustände in ungeordnete übergehen, d.h. daß die Entropie zunimmt. Allerdings lassen sich Ausnahmefälle konstruieren, bei denen bestimmte Ordnungen erhalten bleiben. Nehmen wir z.B. ein Gefäß mit genau parallelen Wänden an und eine Serie von Teilchen, deren Bahnen genau senkrecht auf einer dieser Ebenen stehen, wobei die Bahnen genügend weit auseinander liegen, um gegenseitige Beeinflussung zu verhindern, so bleiben diese Bahnen im Sinne der klassischen Mechanik erhalten. Auch im Rechenmaschinenmodell ist dies der Fall, wenn das der Rechnung zu Grunde gelegte Koordinatensystem ebenfalls parallel bzw. orthogonal zu den Wänden gelegt wird. Sicher lassen sich auch noch interessante weitere Spezialfälle konstruieren, bei denen Stoßvorgänge zwischen den Teilchen stattfinden und trotzdem eine bestimmte Ordnung erhalten bleibt (Bild 14).
Wir wissen nun, daß die moderne Physik dieses klassische Bild aufgelöst hat. Die Stoßvorgänge der einzelnen Teilchen werden im Sinne der modernen Physik nicht streng determiniert angenommen. Es gelten lediglich Wahrscheinlichkeitsgesetze, die im statistischen Durchschnitt den Gesetzen der klassischen Mechanik entsprechen. Durch diesen Effekt tritt eine Streuung ein, welche bewirkt, daß auch in theoretisch angenommenen Spezialfällen mit der Zeit eine Auflösung der Ordnung eintritt und die Entropie des Systems steigt. Wie sieht in dieser Beziehung nun das rechnerische Modell aus? Solange wir diesen Streueffekt nicht besonders in unser Modell „einprogrammieren", ist bei den oben erwähnten sorgfältig konstruierten Spezialfällen kein Streueffekt festzustellen. Sobald aber durch eine geringfügige Streuung das System in bezug auf die spezielle Ordnung außer Takt kommt, haben wir es mit ähnlichem Verhalten zu tun, wie bei den Modellen der modernen Mechanik. Es ist im allgemeinen nicht erforderlich, einen Streueffekt besonders zu berücksichtigen. Die mit der Rechnung verbundenen rechnerischen Ungenauigkeiten haben — von Sonderfällen abgesehen — dieselbe Wirkung (Bild 14). Das klassische Modell verlangt absolute Rechengenauigkeit, daher im rechnerischen Modell ein Rechnen mit unendlicher Stellenzahl. Da dies praktisch nicht durchführbar ist, treten bei den einzelnen Stoßvorgängen rechnerische Ungenauigkeiten auf, die bewirken, daß — ähnlich dem Modell der modernen Mechanik — Abweichungen der Bahnen von den Theorien der klassischen Mechanik auftreten. Man könnte auch diese Abweichungen durch ein

statistisches Gesetz summarisch erfassen. Jedoch besteht ein wesentlicher Unterschied: Im Modell der modernen Mechanik handelt es sich um echte Unbestimmtheit, bei dem rechnerischen Modell geht alles streng determiniert zu, nur nicht im Sinne der klassischen Mechanik, sondern im Sinne bestimmter rechnerischer Ansätze, die die klassische Mechanik nur annähern. Beides bewirkt die Zunahme der Entropie.

Dieses zunächst gleiche Endergebnis, nämlich die Zunahme der Entropie, kommt bei beiden Modellen durch geringe Abweichungen von der klassischen Mechanik zustande. Beim Modell der modernen Physik sind diese Abweichungen jedoch durch Wahrscheinlichkeitsgesetze gegeben, beim rechnerischen Modell durch determinierte Rechenungenauigkeiten.

Das mag zunächst belanglos erscheinen. Verfolgt man diesen Gedankengang jedoch weiter, so kommt man zu interessanten Schlußfolgerungen in bezug auf die Kausalität, worauf weiter unten in Kapitel 4 näher eingegangen werden soll.

Auch die Matrizenmechanik läßt sich automatentheoretisch betrachten. Allerdings brauchen wir einen Automaten, bei dem der Übergang von einem Zustand zum nächsten durch Wahrscheinlichkeitsgesetze bestimmt ist. Die Übergangsmatrizen der Matrizenmechanik entsprechen dann Zustandstabellen des Automaten. Im folgenden soll jedoch auf diese Möglichkeit der automatentheoretischen Betrachtung nicht weiter eingegangen werden. Im nächsten Kapital werden zunächst einige Beispiele digitaler Behandlung von Feld- und Teilchenproblemen gegeben.

# 3. Beispiele digitaler Behandlung von Feldern und Teilchen

## 1. Begriff des „Digitalteilchens"

Wir betrachten zunächst einen eindimensionalen Raum. Wir können hier ein Beispiel aus der Hydromechanik zu einem Beispiel aus der Schaltungstechnik in Beziehung setzen. Betrachten wir das Verhalten von reibungsfreien Gasen in einer geraden Röhre, so können wir nach Eliminierung und Zusammenfassung von Größen, die für unser Beispiel nicht von Belang sind (Dichte usw.) folgenden gegenüber den tatsächlichen physikalischen Verhältnissen etwas vergröberten Ansatz machen:

Wir haben die beiden Größen p (Druck), welchen wir in diskreten Punkten 1, 2, 3 festlegen, und v (Geschwindigkeit), welche wir in dazwischenliegenden Punkten $1'$, $2'$, $3'$ festlegen.

$$\text{p} \quad 1 \quad 2 \quad 3 \quad 4 \quad 5$$
$$\text{v} \quad 1' \, 2' \, 3' \, 4' \, 5'$$

$\Delta_p^s$ und $\Delta_p^s$ sind dann die Differenzen der Werte p und v zwischen den benachbarten Punkten, $\Delta_p^t$ und $\Delta_v^t$ entsprechend die Differenzen von p und v in aufeinanderfolgenden Zeitpunkten.

Es gelten dann folgende Differenzengleichungen:

$$k_0 \, \Delta_p^s \Rightarrow \Delta_v^t$$
$$k_1 \, \Delta_v^s \Rightarrow \Delta_p^t$$

In Worten: Die Geschwindigkeitsänderung ist proportional der Druckdifferenz und die Druckdifferenz ist proportional der Geschwindigkeitsdifferenz. In der zweiten Gleichung wird der Terminus $\Delta_p^t$ verwandt, um anzudeuten, daß es sich um ein gegenüber der ersten Gleichung zeitlich folgendes $\Delta_p$ handelt. Die beiden Faktoren $k_0$ und $k_1$, in welche die physikalischen Eigenschaften $\Delta_x$ (Längenabschnitt) und $\Delta_t$ (Zeitabschnitt) eingehen, können für unsere Betrachtung in einem einzigen Faktor k zusammengefaßt werden. Wir haben dann:

$$- \Delta_p^s \Rightarrow \Delta_v^t$$
$$-k \, \Delta_v^s \Rightarrow \Delta_p^t$$

(Durch das Ergibtzeichen $\Rightarrow$ ist angedeutet, daß das $\Delta_p$ der zweiten Gleichung nicht identisch mit dem der ersten Gleichung ist.)

Es ist klar, daß man von diesen Differenzengleichungen zu Differentialgleichungen übergehen kann, wenn man $\Delta_x$ und $\Delta_t$ gegen 0 gehen läßt. In unserer Betrachtung ist jedoch gerade das Gegenteil interessant. Während im allgemeinen ein Mathematiker bzw. Programmierer bemüht ist, das Schema der Differenzengleichungen so anzusetzen, daß die zu Grunde gelegten Differentialgleichungen möglichst gut angenähert werden, können wir hier die Frage nach der gröbsten Digitalisierung stellen, welche noch funktionsfähig ist.

Wir können dann aus einem physikalischen Impulsgesetz ein schaltungstechnisches machen. Setzen wir die Größe p und v und dementsprechend auch $\Delta_p$ und $\Delta v$ ganzzahlig an, so müssen wir auch für k einen ganzzahligen Faktor wählen, damit die Differenzengleichungen ganzzahlige Ergebnisse haben. Wir wählen daher zunächst k = 1 und erhalten dann die Gleichung:

$$-\Delta_p^s \Rightarrow \Delta_v^t$$
$$-\Delta_v^s \Rightarrow \Delta_p^t$$

Ferner machen wir den Versuch, p und v zunächst nur die kleinstmöglichen Werte, nämlich $-1, 0, +1$, annehmen zu lassen und untersuchen das Verhalten eines Systems, das den obigen Gleichungen genügt. Wir erhalten dann folgendes rechnerisches Gesetz:

$$v - \Delta_p^s \Rightarrow v$$
$$p - \Delta_v^s \Rightarrow p$$

Bild 15 zeigt ein einfaches Rechenschema für dieses Gesetz. Wir haben pro Zeitabschnitt die vier Werte $v, -\Delta v, p, -\Delta p$. Die räumlichen Sektoren sind gegeneinander versetzt. Nullen werden der Einfachheit halber nicht geschrieben. Dargestellt sind 4 stabile Elementarformen ①, ②, ③, ④, die wir im übertragenen Sinne als „Digitalteilchen" bezeichnen wollen und die unabhängig voneinander betrachtet werden müssen. Es sind jeweils 2 Zeittakte $t_1$ und $t_2$ dargestellt mit den Werten $v, -\Delta v$, $p, -\Delta p$; v und p sind für $t_1$ angenommen. Daraus ergeben sich die Werte $-\Delta v, -\Delta p$ und nach dem obigen Rechengesetz die Werte v und p für den nächsten Zeittakt $t_2$.

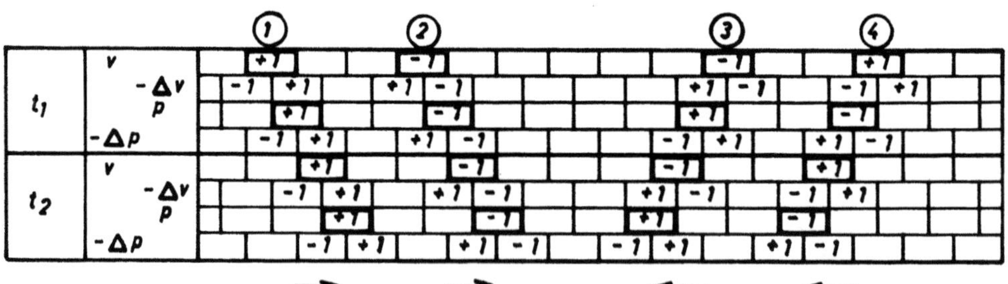

Bild 15

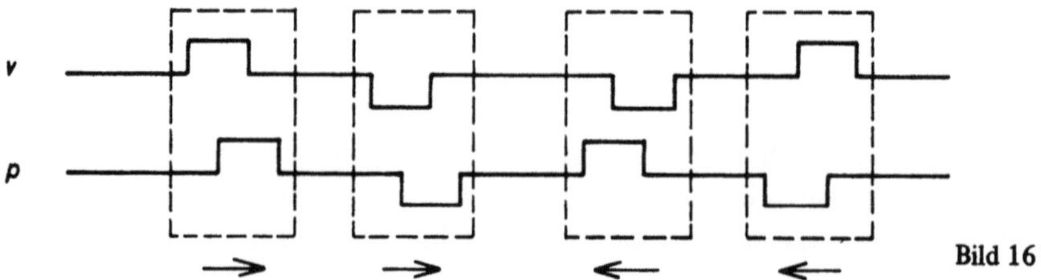

Bild 16

Es handelt sich dabei um das Durchlaufen einfacher Impulse. Die Teilchen sind nur
bei dieser Geschwindigkeit stabil. Diese Geschwindigkeit ist gleichzeitig die höchste,
die in dem gewählten System möglich ist. Andere Geschwindigkeiten läßt dieses
System auch nicht zu. Bild 16 zeigt eine grafische Darstellung dieser Impulse.

Automatentheoretisch gesehen haben wir es mit einem linear ausgedehnten unendlichen Automaten zu tun, der sich jedoch periodisch in seinem Aufbau wiederholt
(zellularer Automat). Die v– und p– Werte repräsentieren die Zustände des Automaten. $\Delta v$ und $\Delta p$ ergeben sich hieraus. Das angegebene Gesetz stellt die Funktion
dar, entsprechend der sich aus einem gegebenen Zustand der folgende ergibt.

Die Bilder 17 und 18 zeigen eine nicht stabile Ausbreitungsform eines isolierten
Druckimpulses, dem kein Geschwindigkeitsimpuls vorausgeht, wie in Bild 15 und 16.
In Bild 17 sind der Übersicht halber die $\Delta$–Werte fortgelassen.

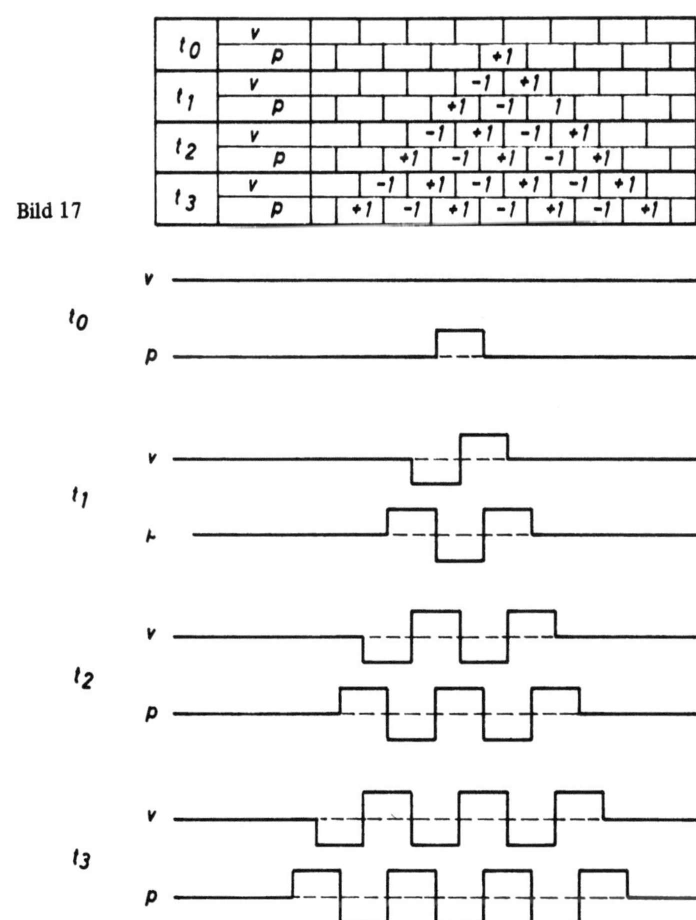

|  |  |  |  |  |  |  |  |  |  |  |  |  |  |  |
|---|---|---|---|---|---|---|---|---|---|---|---|---|---|---|
| $t_0$ | v |  |  |  |  |  |  |  |  |  |  |  |  |  |
|  | p |  |  |  |  |  |  | +1 |  |  |  |  |  |  |
| $t_1$ | v |  |  |  |  |  | -1 | +1 |  |  |  |  |  |  |
|  | p |  |  |  |  |  | +1 | -1 | 1 |  |  |  |  |  |
| $t_2$ | v |  |  |  |  | -1 | +1 | -1 | +1 |  |  |  |  |  |
|  | p |  |  |  |  | +1 | -1 | +1 | -1 | +1 |  |  |  |  |
| $t_3$ | v |  |  |  | -1 | +1 | -1 | +1 | -1 | +1 |  |  |  |  |
|  | p |  |  |  | +1 | -1 | +1 | -1 | +1 | -1 | +1 |  |  |  |

Bild 17



Bild 18

Diese Form der Ausbreitung eines Impulses widerspricht unserer Vorstellung von der
Ausbreitung einer zunächst isolierten Druckzelle in einem mit Gas gefüllten Rohr.
Von diesem Modell haben wir ja die Differenzengleichung abgeleitet. Die Digitalisierung wurde jedoch so grob vorgenommen, daß die Abweichung von der Differentialgleichung auch Abweichungen von den physikalischen Gesetzen mit sich bringt.
Bei der der Rechnung zu Grunde gelegten Differenzengleichung ist lediglich die
Erhaltung des Impulses gewahrt, nicht die Erhaltung der Energie. Tatsächlich zeigt
die grafische Darstellung von Bild 18, daß der Durchschnittswert von p gleich 1
bleibt und der Durchschnittswert von v konstant 0 ist. Andererseits bedeutet im
übertragenen Bild die Ausbreitung der abwechselnd positiven und negativen p−Werte
selbstverständlich eine laufende Steigerung der potentiellen Energie. Entsprechendes gilt für die durch die v−Werte repräsentierte kinetische Energie.

Es wäre an dieser Stelle interessant, die Frage zu stellen. ob derartige Abweichungen
notwendig mit der groben Digitalisierung verbunden sind oder grob digitalisierte
Modelle konstruierbar sind, die allen Gesetzen der ursprünglichen Differentialgleichung, in diesem Fall also auch dem Gesetz von der Erhaltung der Energie, genügen.
Natürlich setzt dies erst eine genaue Definition des Begriffes Energie für derartig
vereinfachte Modelle voraus. Es sei dieser Punkt hier jedoch nur erwähnt, ohne näher
darauf einzugehen.

Interessant ist, daß ein Paar von isolierten Impulsen wiederum ein stabiles System ergibt, nämlich die Aussendung zweier voneinander fortlaufender Digitalteilchen
(Bild 19). Anscheinend sind nur gewisse Konfigurationen erlaubt, während andere
ausgeschlossen sind bzw. nicht stabile Erscheinungen zeigen. Dies hat gewisse Ähn-
lichkeit mit einigen Erscheinungen der Quantenmechanik.

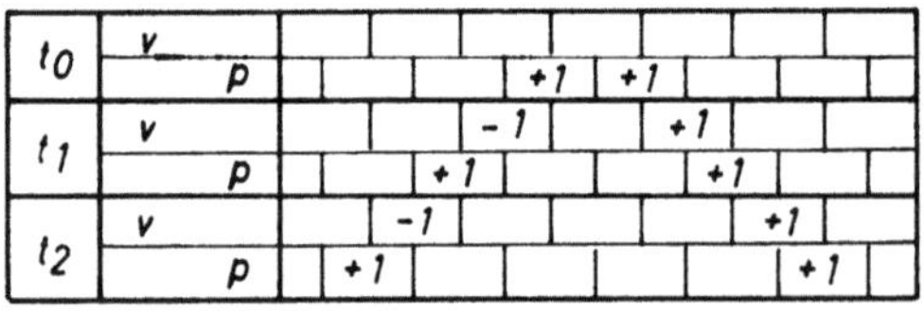

| | | | | | | | | | |
|---|---|---|---|---|---|---|---|---|---|
| $t_0$ — v | | | | | | | | | |
| $t_0$ — p | | | | | +1 | +1 | | | |
| $t_1$ — v | | | | −1 | | | +1 | | |
| $t_1$ — p | | | +1 | | | | | +1 | |
| $t_2$ — v | | | −1 | | | | | | +1 |
| $t_2$ — p | | +1 | | | | | | | +1 |

Bild 19

Da unser ausgewähltes Rechengesetz rein additiven Charakter hat, gilt das Überlagerungsgesetz, d.h. die einzelnen Formen können unabhängig voneinander betrachtet werden, wobei selbstverständlich Werte größer als 1 absolut auftreten. Dies bedeutet, daß zwei entgegengesetzt laufende Teilchen sich gegenseitig nicht beeinflussen,
sondern übereinander bzw. durcheinander laufen, ohne ihre Form zu verändern. In
einem streng nach dem Überlagerungsgesetz arbeitenden System sind also auch keine
Erscheinungen möglich, die etwa den Reaktionen zwischen zwischen Elementarteilchen in der Physik entsprechen. Dies gibt uns den Hinweis, daß wir in unsere Modelle
nicht lineare Elemente einbauen müssen. Die einfachste und gröbste Form ist die

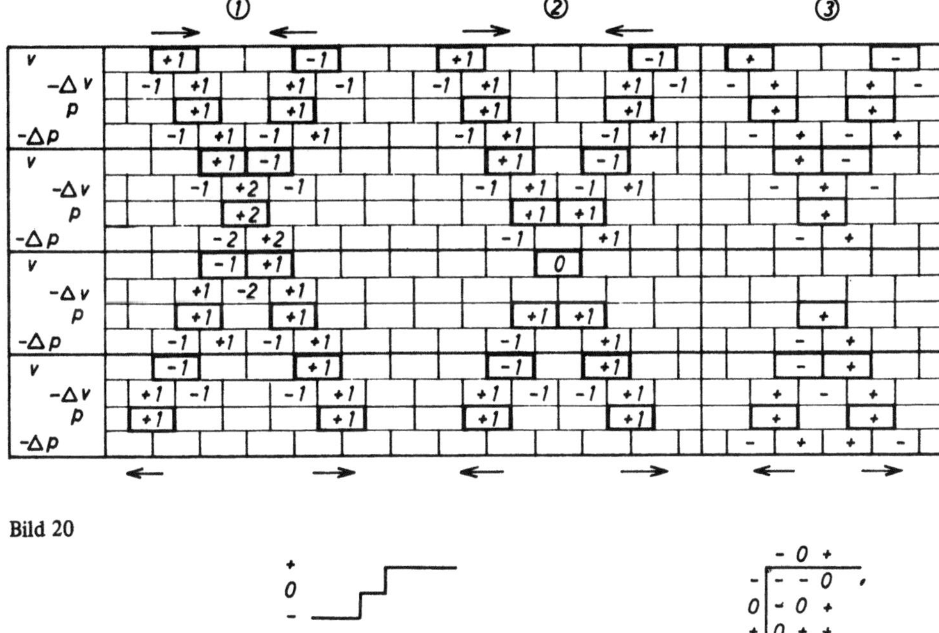

Bild 20

Bild 21

Bild 22

generelle Begrenzung der Werte nach oben und unten. Dies sei an den Beispielen von Bild 20 demonstriert. Wir haben hier zwei sich begegnende Digitalteilchen, und zwar bei den linken Beispielen ① und ② entsprechend dem bisherigen Ansatz unter Gültigkeit des Überlagerungsgesetzes. Wir sehen, daß bei Beispiel ① Werte +2 und −2 auftreten. Bei Beispiel ③ laufen die Teilchen durcheinander, ohne daß die Werte +1 und −1 überschritten werden. Hier zeigt sich bereits eine interessante Erscheinung der groben Digitalisierung. Der Verlauf des Begegnungsvorgangs läuft verschieden ab, je nach Phasenlage des Abstandes der beiden Teilchen. Äußerlich tritt dies jedoch nicht in Erscheinung. Bild 20 ③ zeigt das Beispiel ① mit einem Begrenzungsgesetz entsprechend Bild 21. Wir haben nur die drei Werte −, 0, +. Bild 22 zeigt das zugehörige Rechenschema. Es ist so aufgebaut, daß 1 + 1 wieder 1 ergibt. Wir sehen, daß trotz dieser Begrenzung die Teilchen einwandfrei sich kreuzen, was zunächst nicht ohne weiteres zu erwarten ist, da ja grobe Beschneidungen des Rechengesetzes durchgeführt wurden. Die Anwendung des Rechengesetzes von Bild 22 auf das Beispiel ② ergibt selbstverständlich nichts Neues, da in dem Beispiel sowieso keine Werte −2, +2 auftreten.

Interessant ist nun, daß trotzdem von einem gewissen Reaktionsvorgang bei der Begegnung der Teilchen gesprochen werden kann. Vergleichen wir nämlich die Beispiele ② und ③ , so zeigt sich, daß bei ③ gegenüber ② eine gewisse Verzögerung

des Prozesses eintritt. Bei ② laufen die Teilchen ungehindert übereinander weg. Bei
③ könnte man die Auffassung vertreten, daß die Teilchen zunächst miteinander
reagieren, wobei als Ergebnis dieser Reaktion wiederum zwei neue Digitalteilchen
ausgesandt werden. Die Frage, ob Fall ② oder ③ eintritt, ist wiederum abhängig von
der Abstandsphasenlage und nach außen hin zufällig. Ohne Kenntnis der Feinstruktur des Raumes kann nur ausgesagt werden, daß in unserem Beispiel grundsätzlich
zwei Fälle bei der Begegnung von Teilchen möglich sind, für welche je die Wahrscheinlichkeit 1/2 gilt.

Bild 23 zeigt eine Zusammenstellung der 8 möglichen Fälle der Begegnung von Teilchen; Bild 24 die schematischen, idealisierten Teilchenbahnen für die beiden verschieden verlaufenden Fälle a und b. Es wird ausdrücklich betont, daß es sich um ideali-
sierte Teilchenbahnen handelt. Tatsächlich handelt es sich in unserem Modell ja nicht
um eine kontinuierliche Bewegung, sondern um ein schrittweises Fortschalten.

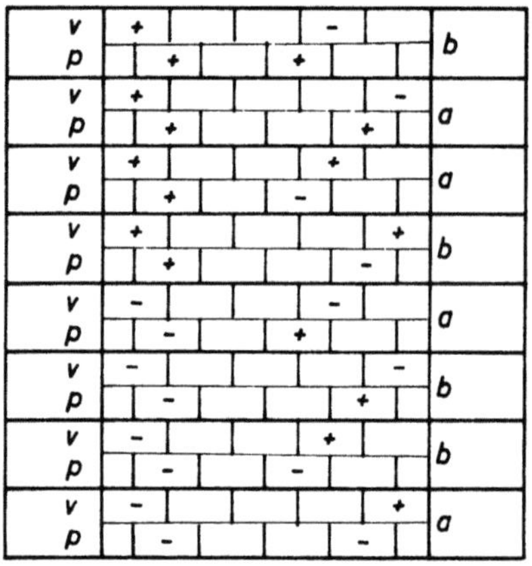

Bild 23

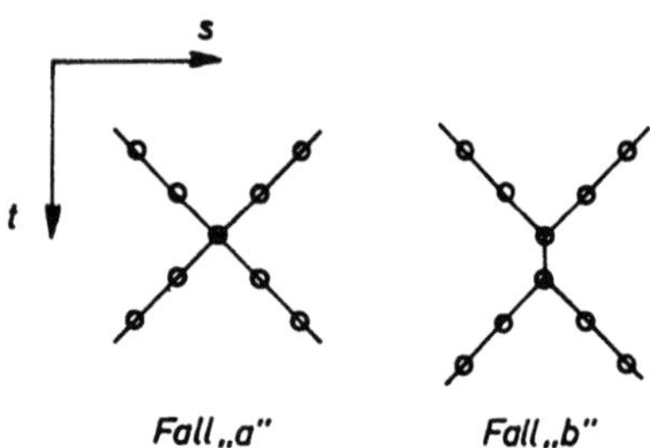


Bild 24

Interessanterweise zeigt sich, daß beim nichtlinearen Rechengesetz (Bild 22) auch ein
isolierter Druckpunkt die Aussendung zweier Teilchen bewirkt (Bild 25).

Die Festsetzung von Grenzwerten setzt selbstverständlich Grenzen für freie Überla-
gerungsvorgänge. Bei unbegrenzten Werten sind Teilchen entsprechend Bild 15 auch
prinzipiell überlagerbar. Das heißt, wir können uns ein beliebiges Druckgebirge mit
zugehöriger Geschwindigkeitsverteilung aufbauen, welches dem Fortschaltgesetz
genügt, also stabil bleibt. Diese stabilen „größeren" Teilchen sind allerdings stets in
elementare Digitalteilchen auflösbar. Dies gilt natürlich nicht mehr bei Anwendung
des Gesetzes entsprechend Bild 22.

Unser Ansatz, bei dem wir den Faktor 1 in der Beziehung zum $\Delta$–Wert gewählt
haben, entspricht im zugeordneten physikalischen Bild der gasgefüllten Röhre einem
sehr harten Medium. Man erhält ein weicheres Verhalten, wenn man den Faktor ver-
kleinert. Hierbei würden nun bei genauerer Rechnung gebrochene Zahlen auftreten.
Wollen wir weiterhin nur mit ganzen Zahlen arbeiten oder zumindest minimale Stu-
fen einführen, so müßten Ab– bzw. Aufrundungen eingeführt werden. Auch hierbei
zeigt sich das ternäre dem binären Zahlensystem überlegen. Der Wert 1/2 liegt genau
zwischen 0 und 1. Die Werte 1/3 und 2/3 können jedoch eindeutig den Werten 0 und
1 zugeordnet werden.

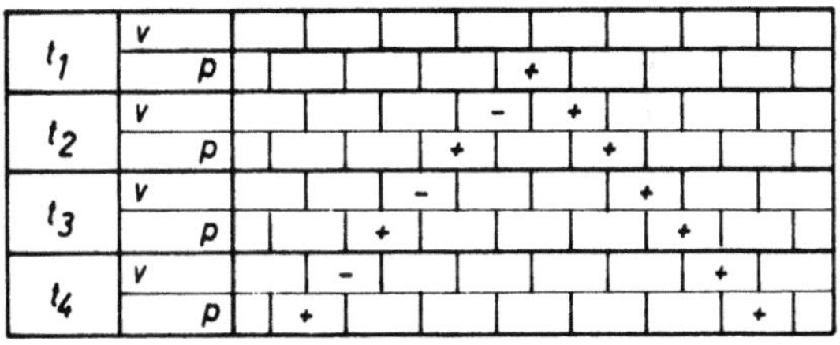

Bild 25

Wir wollen daher folgenden Ansatz machen:

$$v - \frac{\Delta p}{3} \Rightarrow v$$

$$p - \frac{\Delta v}{3} \Rightarrow p$$

Werte $\frac{\Delta p}{3}$, $\frac{\Delta v}{3}$ auf ganze Zahlen auf– bzw. abgerundet.

Bild 26 ① zeigt ein in diesem System stabiles Teilchen mit der Periode $3\Delta t$. Die Fort-
pflanzungsgeschwindigkeit ist ebenfalls 1/3 gegenüber den Teilchen entsprechend
Bild 15. Dies entspricht auch dem physikalischen Modell, da ein weicheres Medium
eine geringere Schallgeschwindigkeit hat. Wir haben hier den Fall, daß die „Schaltgeschwindigkeit" zwischen benachbarten Teilen wesentlich höher (im Beispiel dreifach) als die Teilchengeschwindigkeit ist. Bei komplizierteren Modellen des „rechnenden Raumes" wäre es denkbar, daß der Lichtgeschwindigkeit entsprechend
maximale Teilchengeschwindigkeiten bestehen, die wesentlich langsamer als die
Schaltgeschwindigkeit sind. Dies bedeutet jedoch nicht, daß in einem solchen Modell
höhere Signalgeschwindigkeiten als die „Lichtgeschwindigkeit" (im auf das Modell
übertragenen Sinne) möglich sind. Die Schaltgeschwindigkeit hat nur lokale Bedeutung.

Interessant ist, daß das Digitalteilchen während seiner Periode verschiedene Konfigurationen annimmt. Der Druckimpuls tritt teilweise einzeln mit dem Wert +2 auf,
teilweise als Paar mit den Werten +1, +1. Auch der Ort des Teilchens ist wohl für die
aufeinanderfolgenden Perioden definierbar, nicht aber ohne weiteres für die einzelnen Phasen einer Periode. Werden wir dabei nicht an die Quantentheorie erinnert,

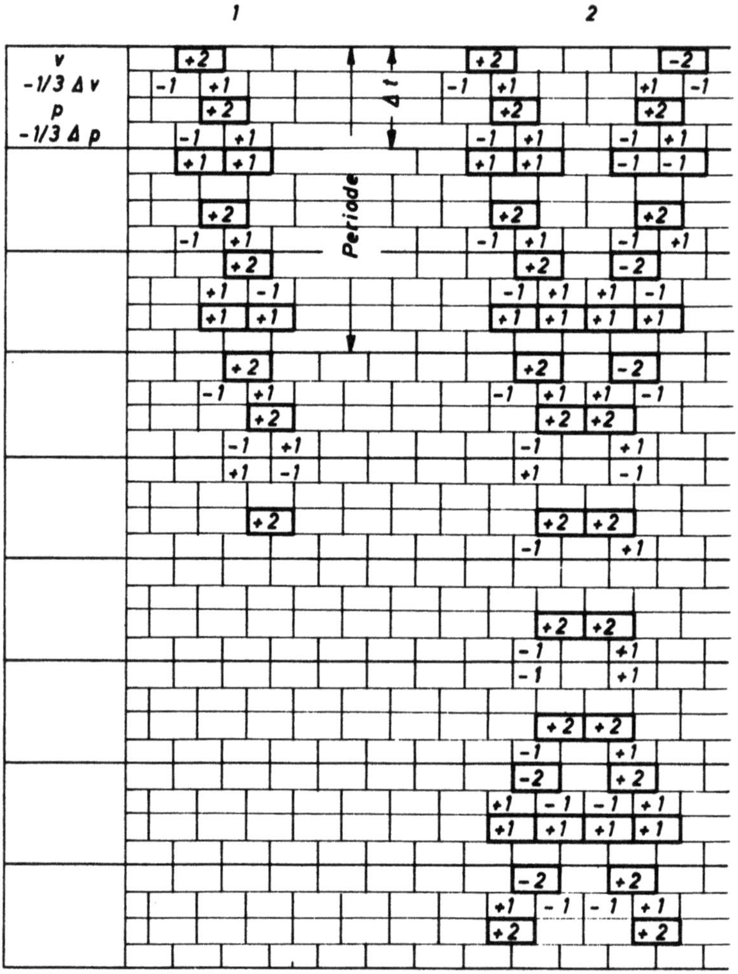

Bild 26

welche Ort und Impuls durch die Unbestimmtheitsrelation in Beziehung setzt? Allerdings geht in dem Rechenmaschinenmodell trotz der scheinbaren Unbestimmtheiten alles streng determiniert zu.

Die Bilder 26, 27, 28, 29 zeigen den Vorgang der Begegnung zweier solcher Teilchen, und zwar Bild 26 ② das ausführliche Rechenschema, Bild 27 einen Auszug hieraus, wobei lediglich die p—Werte dargestellt sind und Bild 28 den idealisierten Weg der Teilchen. Es zeigt sich wieder, daß die Teilchen nicht einfach übereinander weg laufen, sondern daß eine Reaktion eintritt. Diesmal allerdings mit einer zeitlichen Verkürzung

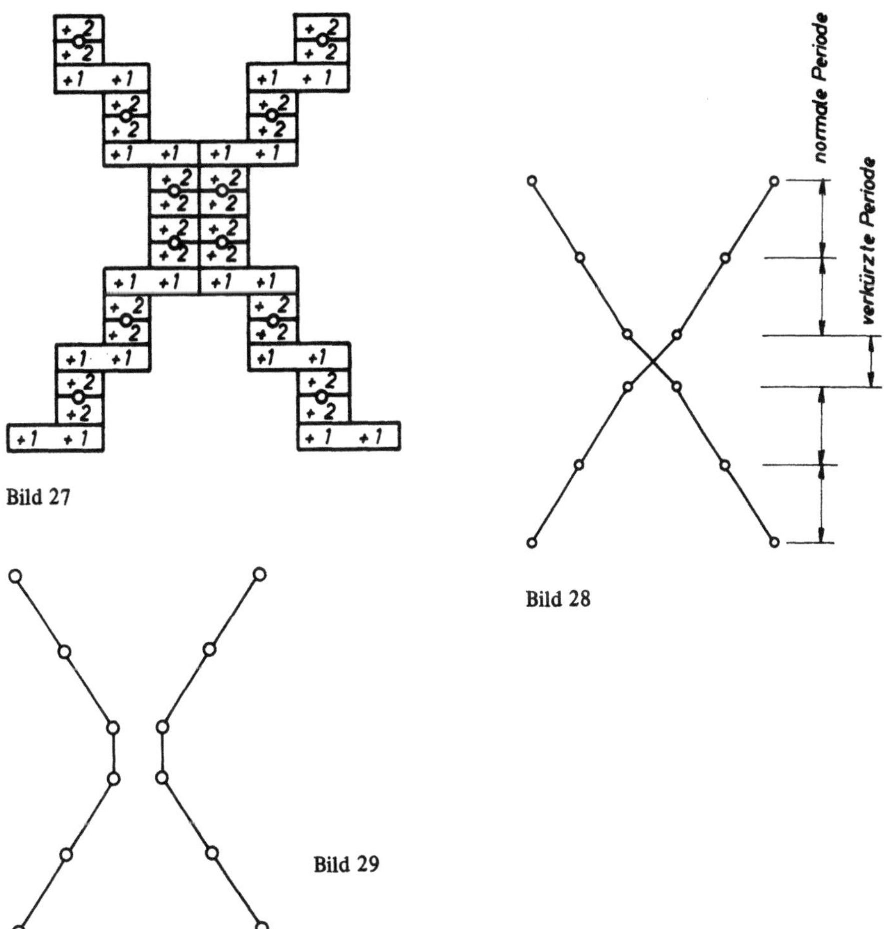

Bild 27

Bild 28

Bild 29

des Vorgangs (im Gegensatz zu Bild 24). Man kann jedoch den Vorgang auch als Abstoßung deuten (Bild 29). Hier zeigt sich, daß der Anschauung entnommene Bilder, wie „Durchlauf" bzw. „Abstoßung" bei der Reaktion von Digitalteilchen ihren Sinn verlieren. Zu entsprechenden Erkenntnissen ist ja auch die Quantentheorie gekommen, allerdings nicht im digitalen Bilde.

Bei der Begegnung von Teilchen entsprechend Bild 26 sind sicher bei systematischer Untersuchung im Vergleich zum Beispiel von Bild 23 noch wesentlich mehr Fälle zu unterscheiden. Zunächst müßte untersucht werden, welche Teilchen in diesem System überhaupt möglich sind. Ferner wäre der Einfluß der Abstandsphasen zu berücksichtigen und schließlich kommt hinzu, daß die Teilchen sich in verschiedenartigen Ablaufphasen begegnen können.

Es ist jedoch nicht der Sinn dieses Aufsatzes, eine erschöpfende Untersuchung durchzuführen. Die bisherige Betrachtung einiger einfacher Beispiele regt bereits zu einer Reihe interessanter Gedanken an.

Bild 30 zeigt das Blockdiagramm für einen rechnenden Raum entsprechend den angeführten Rechengesetzen. Die Quadrate v, p stellen Register dar, in die hinein addiert werden kann. Durch die mit $\Delta$ bezeichneten Kreise sind die Schaltungsteile symbolisch dargestellt, die der Bildung der Differenz dienen. Der Querstrich am Ausgang der $\Delta$–Glieder bedeutet Negation. Selbstverständlich kann man dieses Blockdiagramm noch in seine einzelnen Schaltungselemente zerlegen. Die heute gebräuchlichen Symbole zerlegen die Schaltung in einzelne Elemente, die den Grundoperationen der Booleschen Algebra entsprechen (Konjunktion, Disjunktion, Negation). Die hier verwendeten dreiwertigen Informationselemente müßten in binärer Darstellung durch zwei Boolesche Variablen (2 bit) repräsentiert werden. Von den 4 möglichen Kombinationen dieser zwei Werte sind jedoch nur 3 ausgenutzt. Aus diesem Grunde sei hier von einer eingehenden Darstellung abgesehen. Um das in Bild 30 gezeigte Blockschema arbeitsfähig zu machen, ist noch eine saubere Taktung erforderlich. Deshalb sind in Bild 30 die Taktzahlen I und II mit eingezeichnet. Es wird dabei angenommen, daß die reinen Additionsglieder zur Bildung der $\Delta$–Werte ohne Zeitverzögerung arbeiten, während die Register erst im auf die Addition folgenden Takt ihren Inhalt weitergeben. Diese Taktung entspricht der Feinstruktur der Zeitdimension.

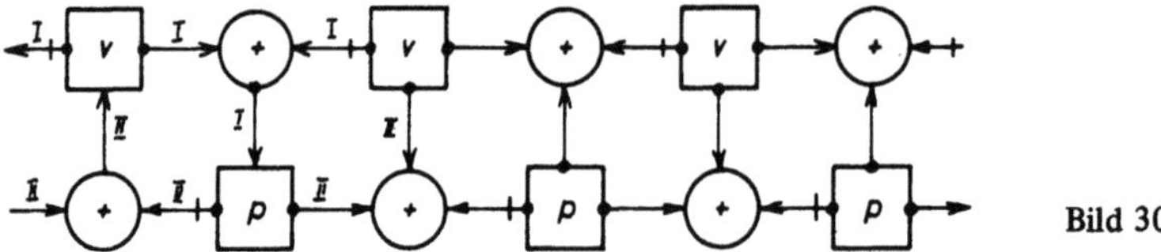

Bild 30

## 2. Zweidimensionale Systeme

Es sei noch ein Blick auf die zweidimensionalen Systeme geworfen. Als einfachste Struktur bietet sich ein Gitternetz entsprechend einem orthogonalen Koordinatensystem an. Dadurch sind natürlich zwei ausgesprochene Vorzugsrichtungen gegeben, die sich z.B. bereits bei der einfachen Fortpflanzung eines Impulses auswirken. Wir nehmen ein einfaches Gesetz an, wonach jeder Gitterpunkt die Zustände 0 und 1 annehmen kann. In jedem Zeittakt soll sich eine 1 auf alle Nachbarpunkte übertragen. Die Vereinigung der von den verschiedenen Nachbarpunkten kommenden Impulse erfolgt nach dem Gesetz der Disjunktion. Ist $\varphi x, y$ der Zustand am Gitterpunkt (x,y), so ergibt sich folgendes Gesetz:

$$\varphi_{x-1,y} \ ^{\vee} \ \varphi_{x+1,y} \ ^{\vee} \ \varphi_{x,y-1} \ ^{\vee} \ \varphi_{x,y+1} \Rightarrow \varphi_{x\,y}$$

Die Ausbreitung erfolgt entlang der Koordinatenachse schneller als in der Diagonalen.
Mit einem solchen Gesetz läßt sich natürlich wenig anfangen, da es in Kürze dazu
führt, sämtliche Raumpunkte auf den Zustand „1“ zu bringen und somit keinerlei
Gestalt, Teilchen usw. zuläßt. (Bild 31)

Wir betrachten als nächstes ein ähnliches Gesetz, bei dem jedoch vielstufige Werte
zugelassen sind und die Vereinigung durch Addition erfolgt. Bei den Übertragungen
zwischen den Gitterpunkten werden die Werte noch mit einem Faktor k multipliziert.
Wir erhalten folgende Formel für dieses Gesetz:

$$K \left( \varphi_{x-1, y} + \varphi_{x+1, y} + \varphi_{x, y-1} + \varphi_{x, y+1} \right) \Rightarrow \varphi_{xy}$$

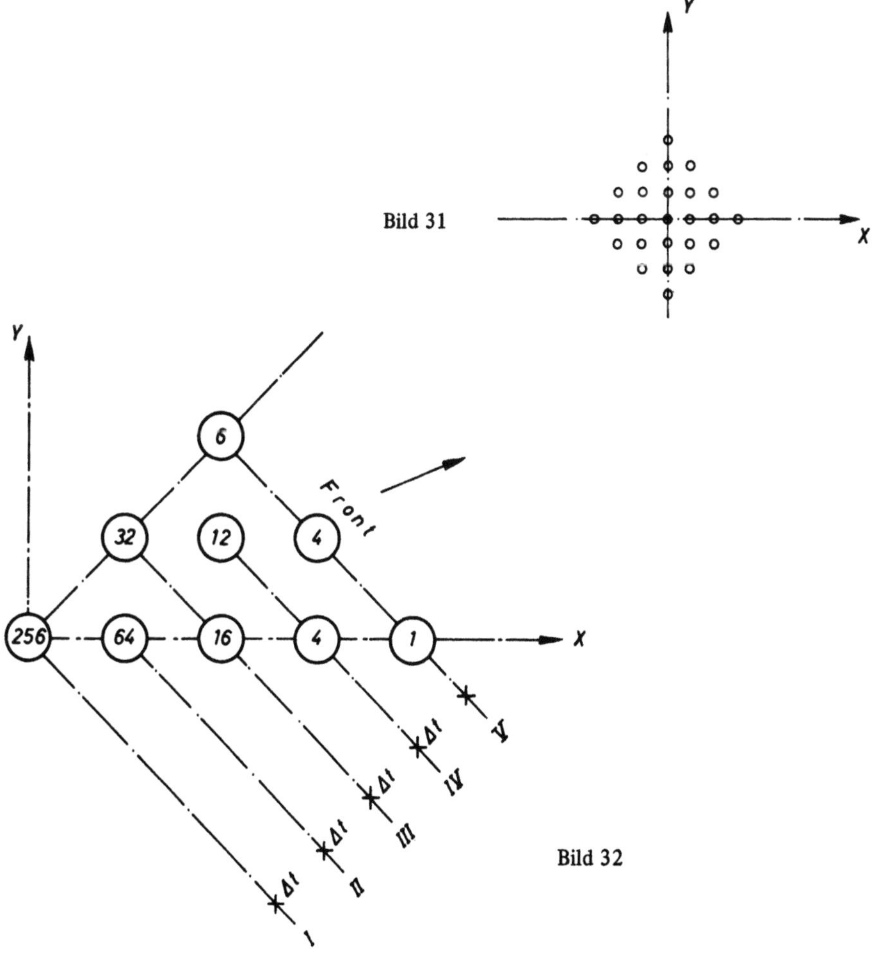

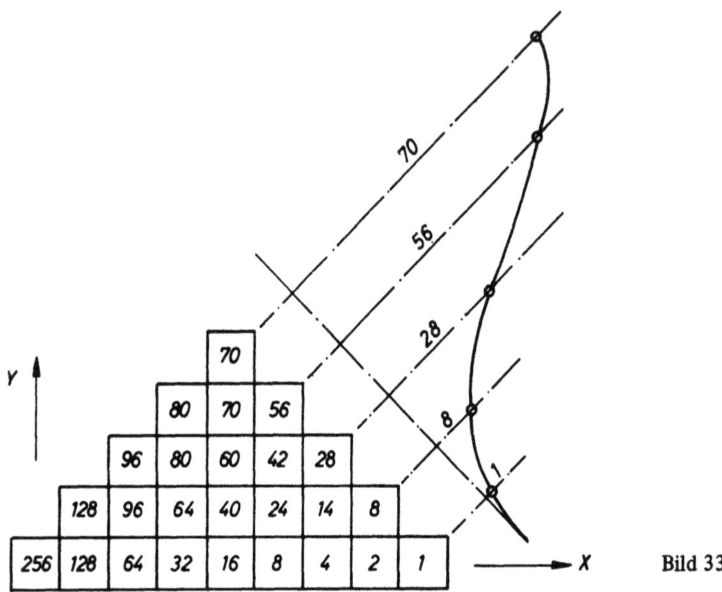

Bild 33

In Bild 32, 33 sind zwei Beispiele für die Faktoren 1/4 und 1/2 gegeben. Wir brauchen aus Symmetriegründen nur einen Sektor von 45° zu betrachten. Wie in Bild 32 sind die Werte jeweils nur für die Frontlinie eingetragen. Die römischen Ziffern entsprechen dabei den einzelnen Zeitphasen im Abstand $\Delta t$. Wir sehen an den Beispielen, daß zwar die Front ebenfalls nach dem Schema von Bild 31, d. h. mit einer Spitze in der Koordinatenachse, voranschreitet, die Werte in der Nähe der Diagonalen jedoch höher sind. Die voraneilende Spitze nimmt sehr schnell kleine Werte an.

Da wir im digitalen Raum nicht beliebig kleine Werte zulassen können, ist der Minimalwert bald unterschritten, d. h. die Spitze stirbt ab. Es wäre interessant, mit Hilfe von Rechenmaschinen den Verlauf einer solchen Ausbreitung näher zu untersuchen. Insbesondere ist die Frage interessant, ob und wie schnell die Werte gegen eine Kreisförmige Ausbreitung konvergieren.

Eins ist jedoch klar: Mit einem solchen Gesetz lassen sich keine Digitalteilchen aufbauen. Wir müssen also nach anderen Gesetzen suchen.

Wir können z.B. die für den linearen Raum gefundenen Gesetze, welche stabile Teilchen ermöglichen, auf den zweidimensionalen Raum übertragen. Selbstverständlich brauchen wir dann eine Verflechtung der beiden Dimensionen, sonst würden die einzelnen orthogonalen Gitterreihen ein unabhängiges Eigenleben führen.

Bild 34 zeigt eine Möglichkeit, v– und p–Punkte verschachtelt anzuordnen. Bild 35 zeigt die einzeln auftretenden Werte. Für v müssen wir zwei Komponenten $v_x$ und $v_y$ ansetzen. Für p genügt ein Wert. Über p werden die beiden Achsen gekoppelt.

32

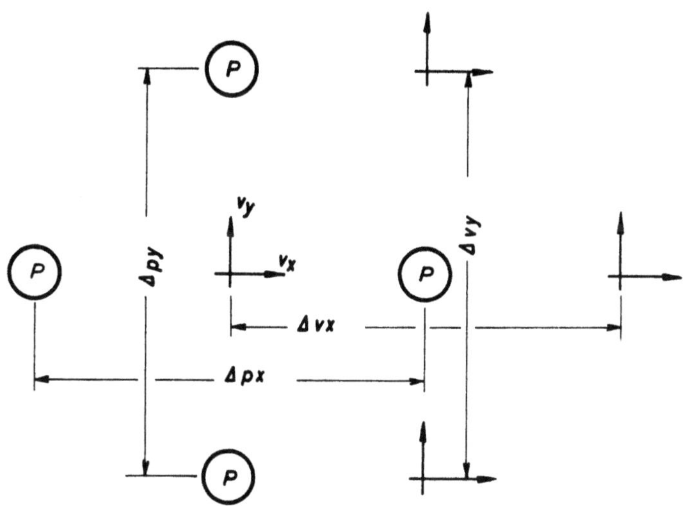

Bild 34

Bild 35

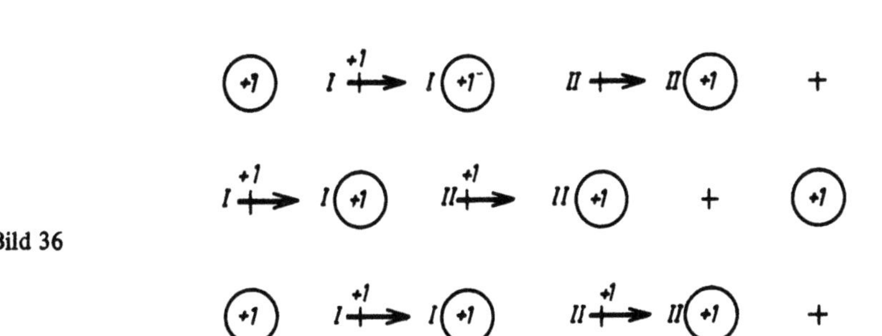

Bild 36

Wir können dann folgendes Gesetz anschreiben:

$$v_x - \Delta p_x \qquad \Rightarrow v_x$$
$$v_y - \Delta p_y \qquad \Rightarrow v_y$$
$$p \ - (\Delta v_x + \Delta v_y) \Rightarrow p$$

Aufgrund der Kopplung durch p würden einzelne Impulse entsprechend Bild 15, 16 zerfließen. Es lassen sich jedoch stabile, allerdings unendliche gerade Wellenfronten aufbauen. Bild 36 zeigt eine solche parallel zu einer Koordinatenachse und Bild 37 zeigt eine diagonal verlaufende Welle. Bild 38 zeigt das Fortpflanzungsverhältnis der beiden Wellen. Wir haben richtungsgebundene Fortpflanzungsgeschwindigkeiten.

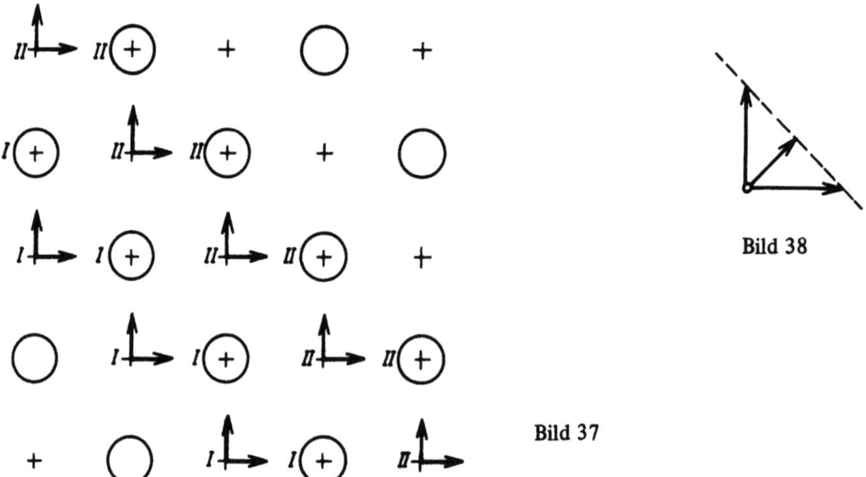

Bild 38

Bild 37

Auch bei diesem Beispiel wäre es interessant, die verschiedenen Konsequenzen einer mehr oder weniger groben Digitalisierung zu untersuchen. Da die Gesetze in gewisser Beziehung zu den Gleichungen der Gasdynamik und Hydrodynamik stehen, interessiert es, ob z.B. das in der Hydrodynamik stabile Gebilde eines Wirbels sich grob digitalisieren läßt und „digitale Elementarwirbel" konstruiert werden können. Auch diese Untersuchung kann erfolgreich wohl nur mit Hilfe von Rechenmaschinen durchgeführt werden.

Um stabile Teilchen im zweidimensionalen Raum zu konstruieren, gehen wir jedoch zunächst einmal einen anderen Weg:

### 3. Digitalteilchen im zweidimensionalen Raum

Wir nehmen entsprechend Bild 39 ein orthogonales Gitternetz an. Wir unterscheiden nicht mehr, wie in Bild 34, zwischen v— und p—Punkten, sondern haben nur noch in jedem Punkt die Werte $p_x$, $p_y$. Der Einfachheit halber nehmen wir zunächst an,

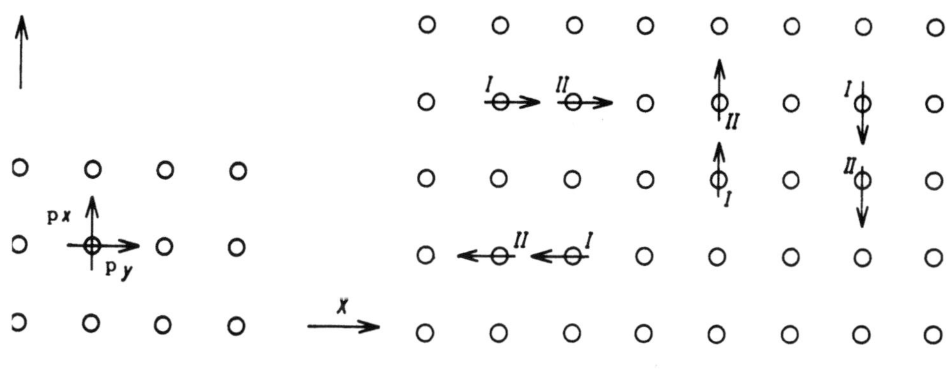

Bild 39

Bild 40

Bild 41

Bild 42

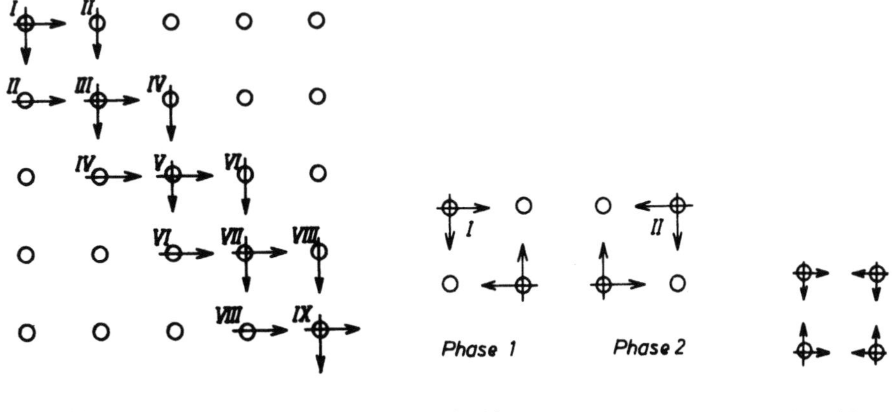

Bild 43



Bild 44

Bild 45

daß die p—Werte die Werte —, 0, + annehmen können. Wir können dann auch von
p—Pfeilen oder kurz Pfeilen sprechen. Wir legen zunächst fest, daß ein isolierter
Pfeil, d.h. ein solcher, der nicht zusammen mit einem senkrecht zu ihm verlaufenden
Pfeil am gleichen Gitterpunkt auftritt, sich in seiner Richtung auf den nächsten Gitterpunkt überträgt. Bild 40 zeigt die vier möglichen Beispiele für derartige Einzelimpulse.
Sie können sich selbstverständlich nur orthogonal fortschalten. Wir können zunächst
feststellen, daß es zwei Fälle der Begegnung zweier auf derselben Orthogonalen aufeinander zukommender Pfeile gibt.

In Bild 41 sind diese gezeigt. Einmal verlaufen die Pfeile übereinander weg, im anderen Fall vernichten sie sich. Welcher Fall eintritt, ist abstandsphasenabhängig. Wir brauchen nun noch ein Gesetz für den Fall sich kreuzender Pfeile. Dies ist in Bild 42
demonstriert. Im Punkt A sind zur Zeitphase I zwei sich kreuzende Pfeile vorhanden.
Nach unserem bisherigen Gesetz würden diese sich unabhängig in ihren Richtungen
fortschalten. Wir legen nun fest, daß in diesem Fall die Pfeile zwar auch in ihren Richtungen nach den Punkten B und C fortgeschaltet werden, ihre Richtungen in B und
C aber vertauscht werden. Wir erhalten dann ein stabiles Teilchen mit der Periode
$2\Delta t$, welches sich diagonal fortschaltet (Bild 43).

Interessant ist, daß nach diesem Gesetz Nester möglich sind, die fest an 4 benachbarte
Gitterpunkte gebunden sind; sie haben ebenfalls die Periode $2\Delta t$ (Bild 44). Auch ein
doppeltes stabiles Nest mit der Periode $\Delta t$ ist möglich. (Bild 45) Wie die weiteren
Beispiele zeigen, sind die Nester nicht zerstörbar.

Wir haben nun Teilchen, die sich in 8 diskreten Richtungen in der Ebene fortschalten
können und außerdem feststehende Nester. Die Bilder 46 — 57 zeigen nun eine Reihe
interessanter Beispiele für die Begegnung solcher Teilchen. Wir bleiben dabei zunächst
bei der Festlegung, daß Pfeile nur die Werte —, 0, + annehmen können. Am gleichen
Gitterpunkt heben sich zwei entgegengesetzte Pfeile auf, und zwei gleichgerichtete
wirken wie ein einzelner Pfeil.

Es zeigt sich, daß der Verlauf der verschiedenen Begegnungen wieder zeitphasen-
und abstandsphasenabhängig ist. Die Teilchen können durcheinander durchlaufen
oder sich vernichten oder neue Teilchen bilden. Nester sind heimtückisch, da sie
Teilchen vernichten können, ohne selbst zu verschwinden. Dagegen können bei bestimmten Formen der Begegnung Nester entstehen (Bild 55, 57). Im Modell eines
Kosmos, der nach diesen Gesetzen funktioniert, würden sich mit der Zeit alle Teilchen in feste Nester auflösen. Dieses Modell wäre also kaum brauchbar.

Bei der Begegnung kommt es sehr darauf an, ob der Schnittpunkt der Teilchenbahnen
auf einem definierten diskreten Punkt des Koordinatensystems liegt. In diesem Fall
findet eine Reaktion statt (z.B. Bild 52, 53).

Wir können nun die Möglichkeiten dieses Systems erproben, indem wir Pfeile verschiedener absoluter Länge zulassen. Für Pfeile gleicher Richtung setzen wir einfach

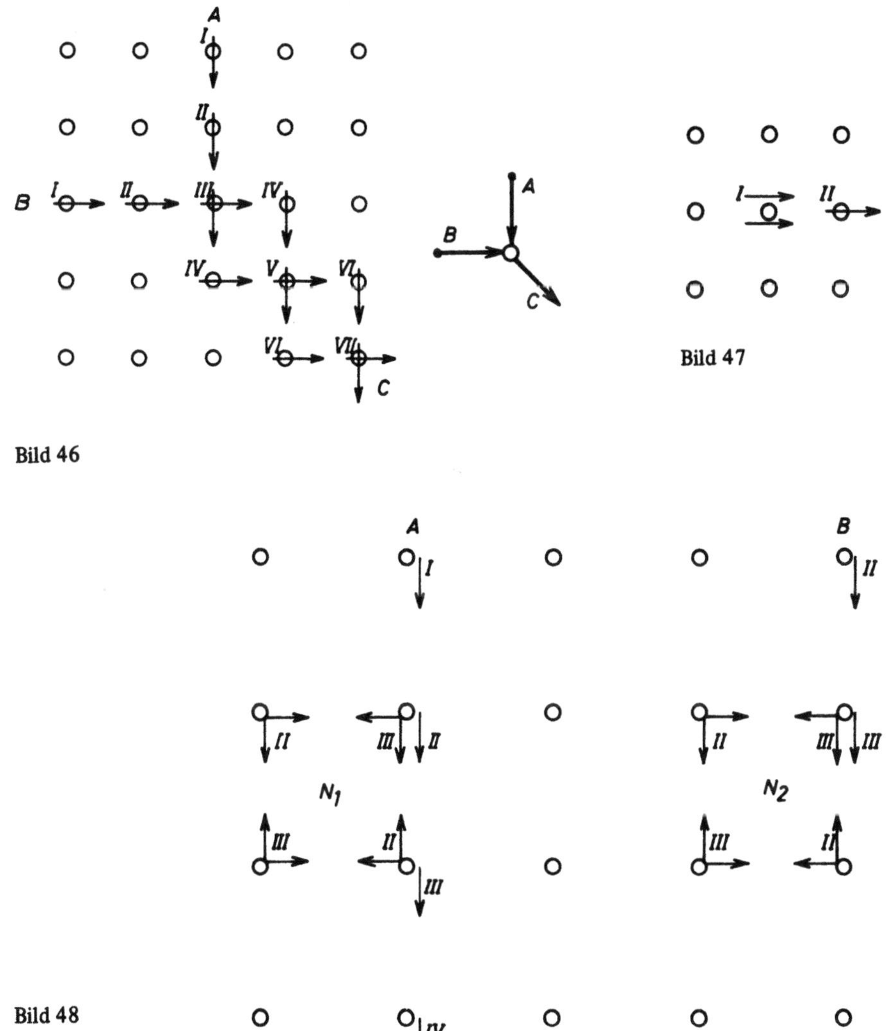

Bild 46

Bild 47

Bild 48

das Additionsgesetz ein. Schwieriger wird es, das Gesetz für Bild 42 auf sich kreuzende Pfeile verschiedener Länge auszudehnen. Wir treffen folgende Festlegung:
Bei orthogonal zueinander stehenden Pfeilen wird der längere in zwei Teile zerlegt,
der Betrag des einen ist gleich dem Betrag des orthogonal dazu laufenden Pfeiles
und wirkt mit diesem zusammen entsprechend Bild 42. Der Rest wirkt wie ein isolierter Pfeil (Bild 58).

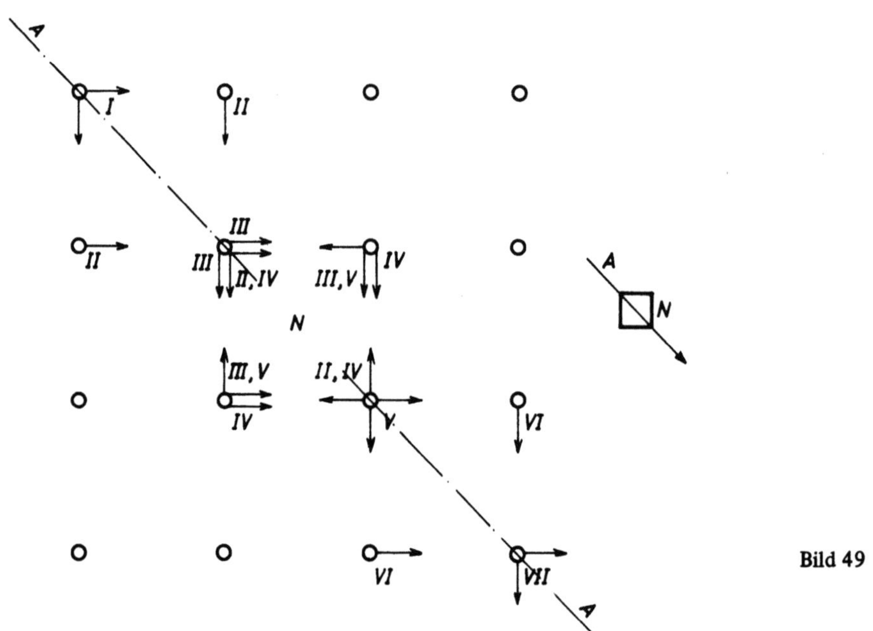

Bild 49

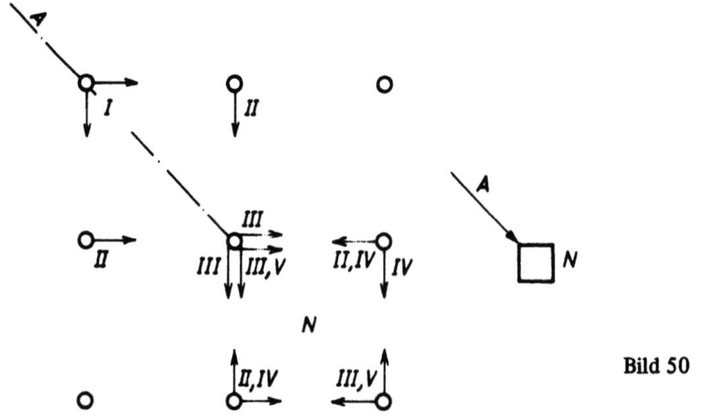

Bild 50

38

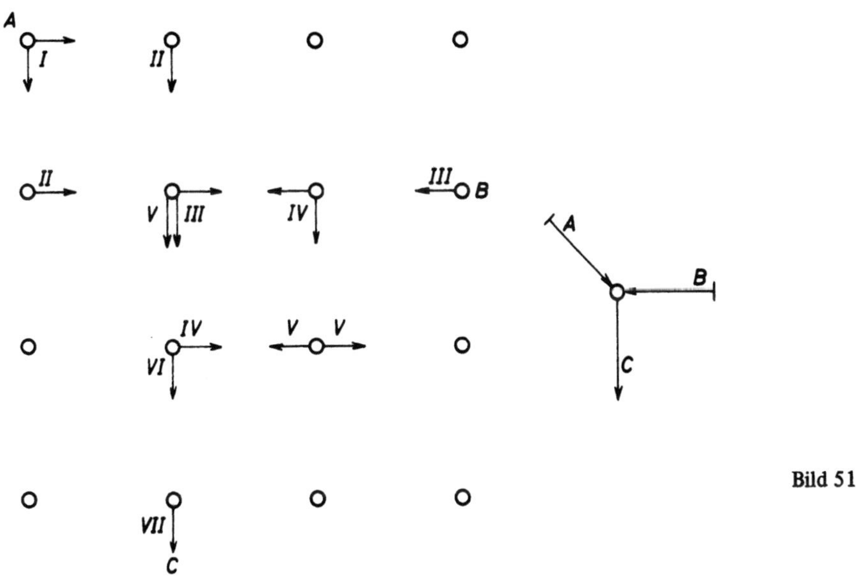

Bild 51

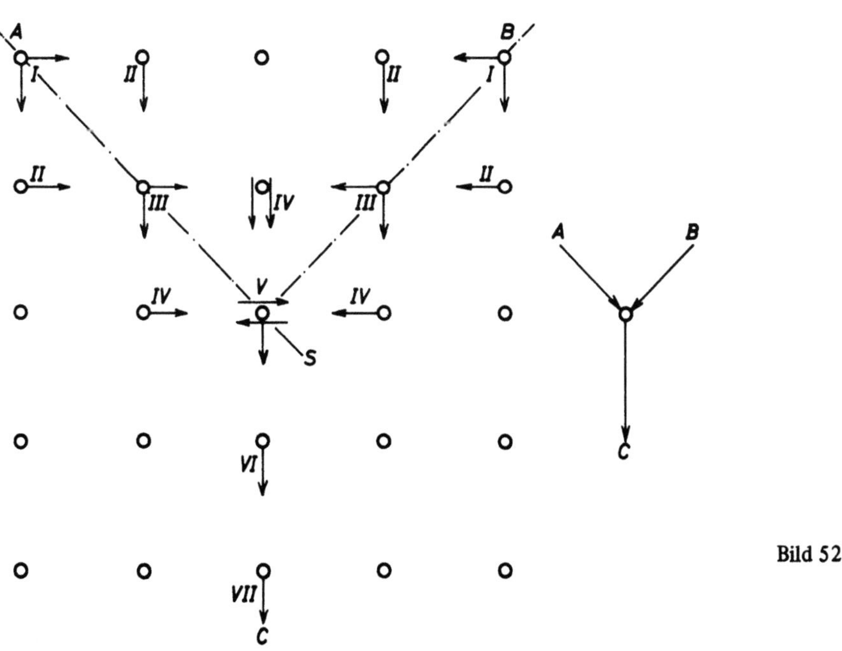

Bild 52

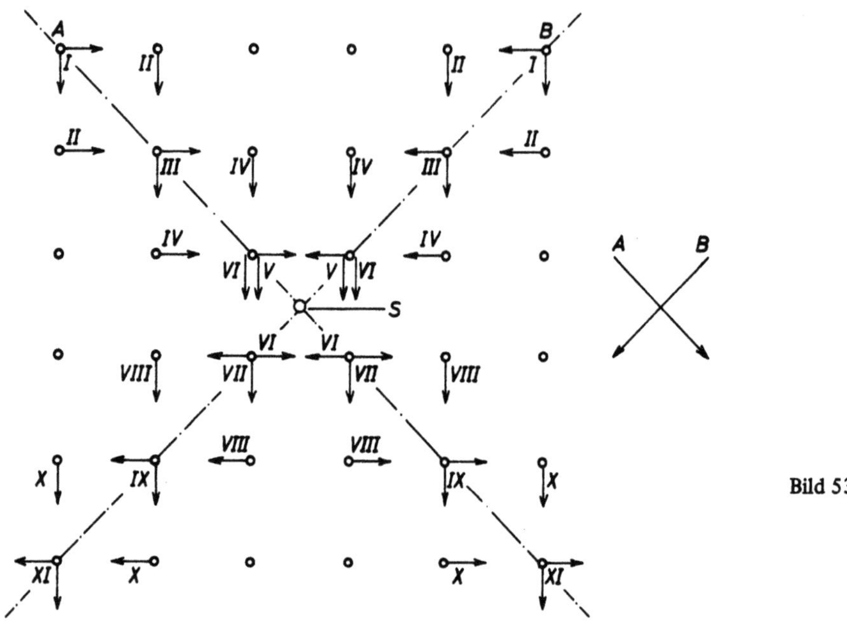

Bild 53

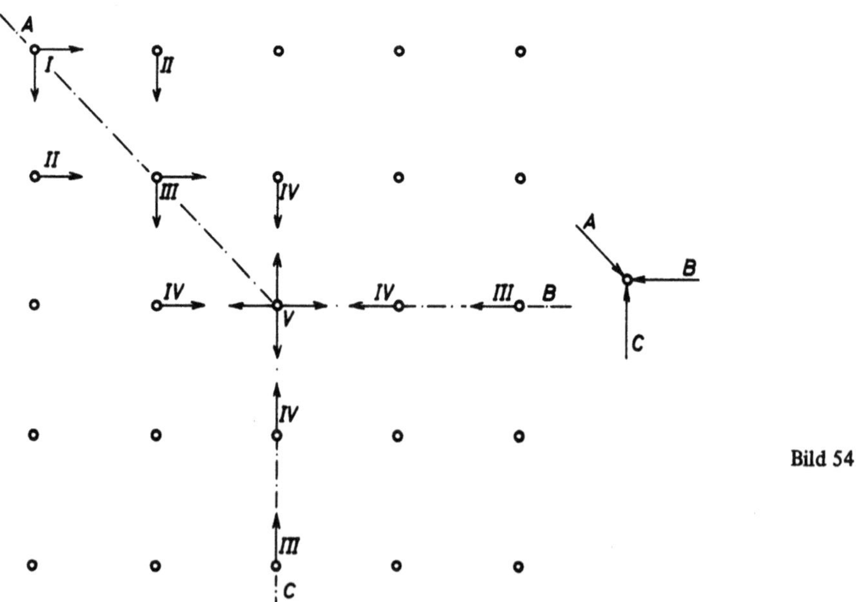

Bild 54

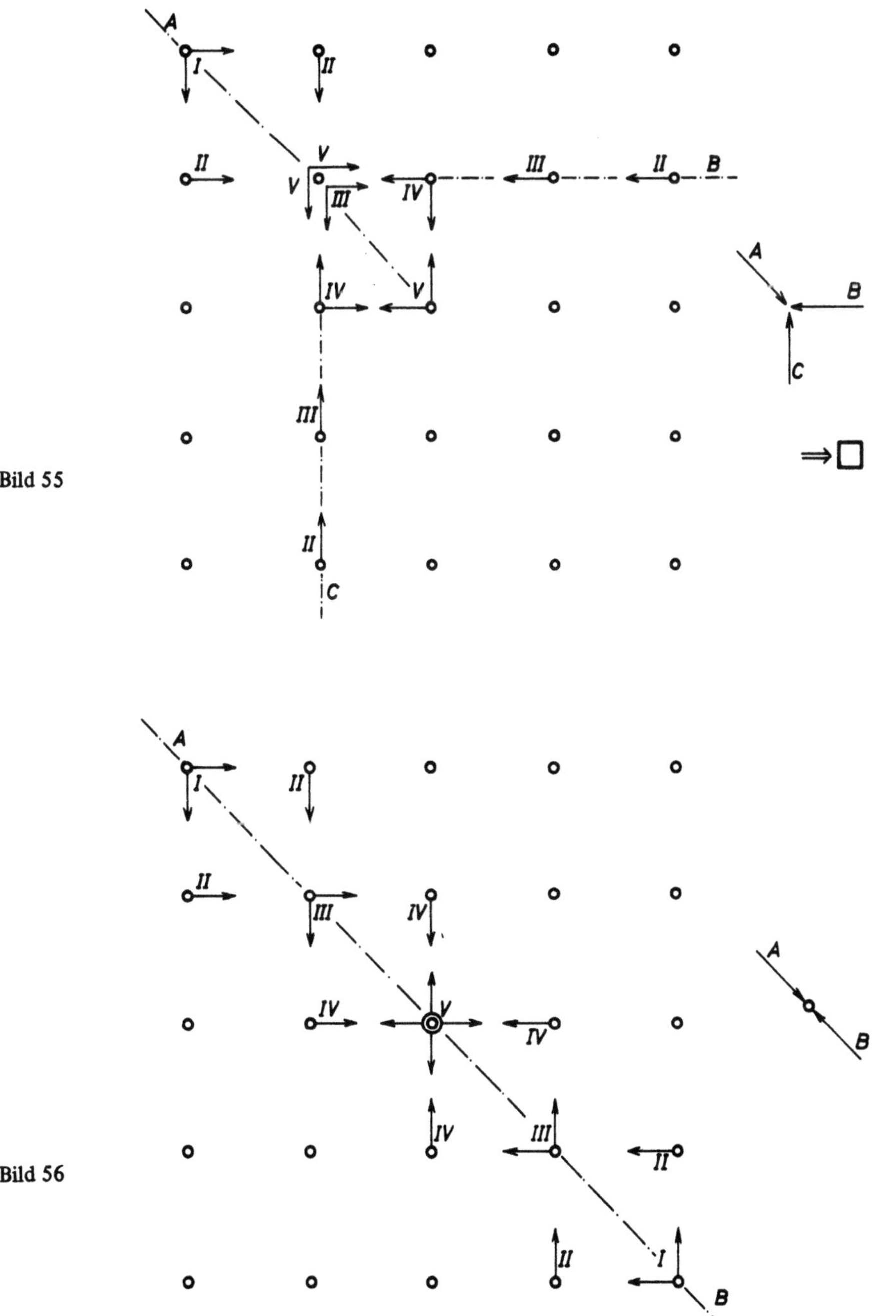

Bild 55

Bild 56

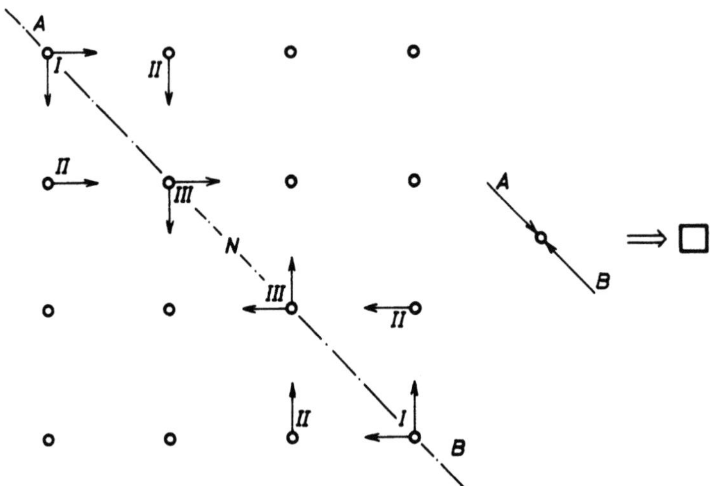

Bild 57

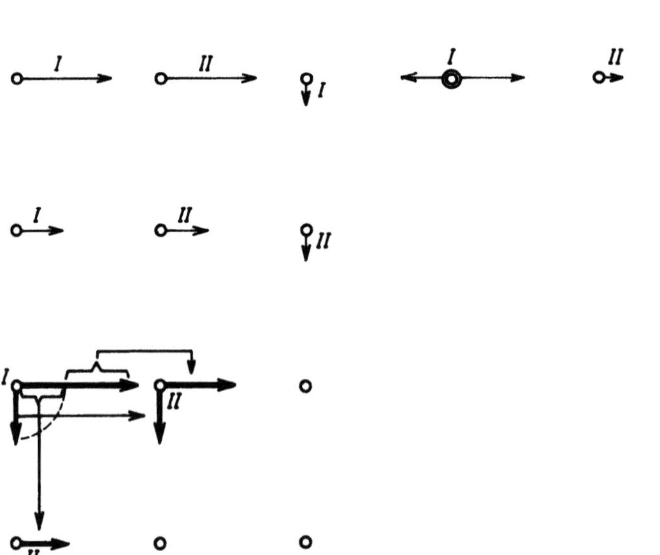

Bild 58

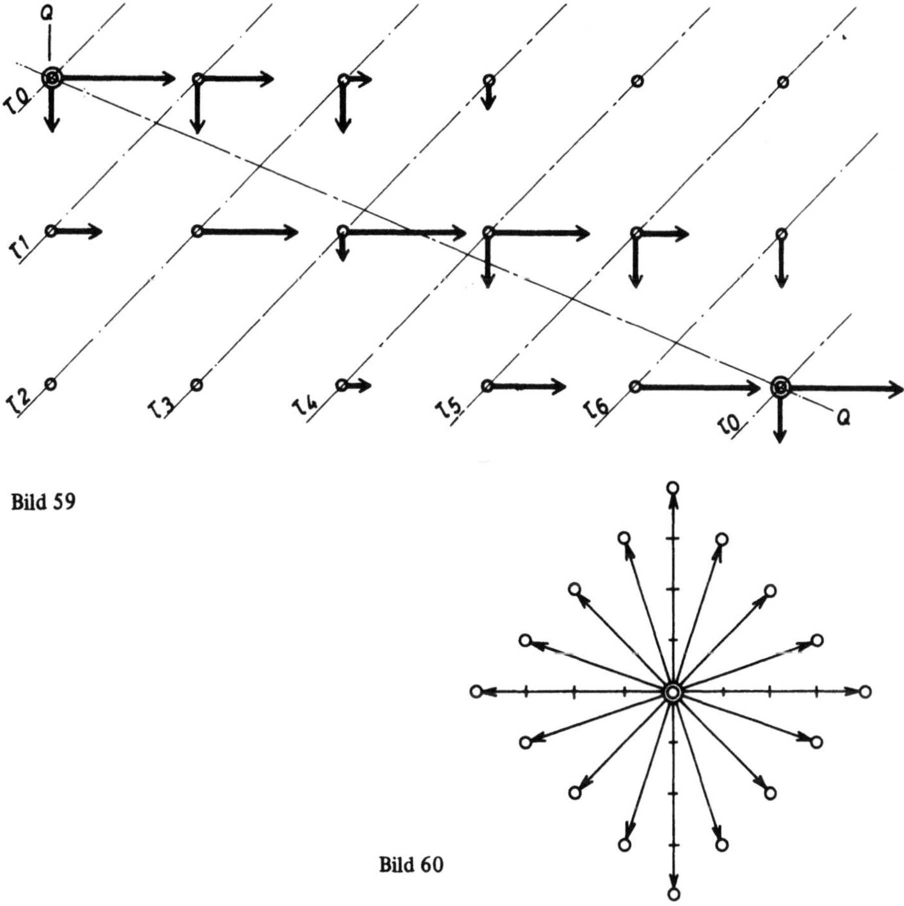



**Bild 59**

**Bild 60**

Wir können jetzt Teilchen verschiedener Fortpflanzungsrichtung konstruieren. Die Zahl der verschiedenen möglichen Richtungen hängt von der Zahl der möglichen Werte für die Beträge der Pfeile ab.

Bild 59 zeigt ein Beispiel mit dem Pfeilverhältnis 5 : 2. Die Bewegungsrichtung entspricht dem Pfeilverhältnis. Die Teilchen durchlaufen verschiedene Phasen. Das Teilchen von Bild 59 hat die Periode $7\Delta t$. Die Teilchen gehen pro Periode durch einen diskreten Koordinatenpunkt Q (Nullphasenpunkt). Zwischendurch „zerfließen" die Teilchen. Man kann Linien gleicher Phase (Phasenlinien $\tau_0 \div \tau_6$) konstruieren.

Bild 60 gibt ein Beispiel für die Beschränkung der möglichen diskreten Bewegungsrichtungen. Es sei noch betont, daß wieder eine Abhängigkeit zwischen Fortschaltungsgeschwindigkeit und Richtung besteht. Das gewählte Fortschaltgesetz läßt keine verschiedenen Geschwindigkeiten der Teilchen in der gleichen Richtung zu.

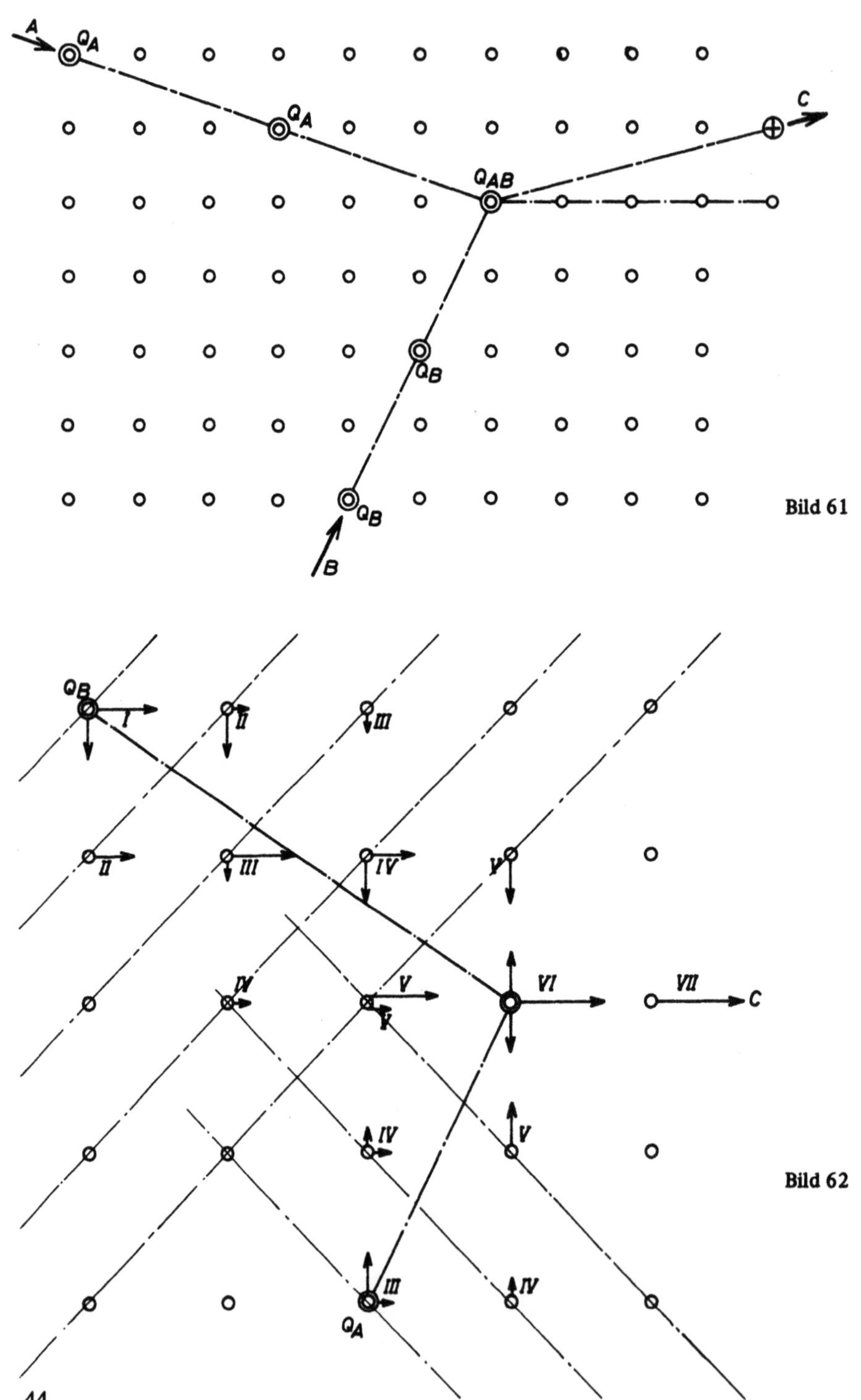
A
QA
QA
C
QAB
QB
QB
B
Bild 61
QB
I
II
III
II
III
IV
V
IV
V
V
VI
VII
C
IV
V
III
IV
QA
Bild 62

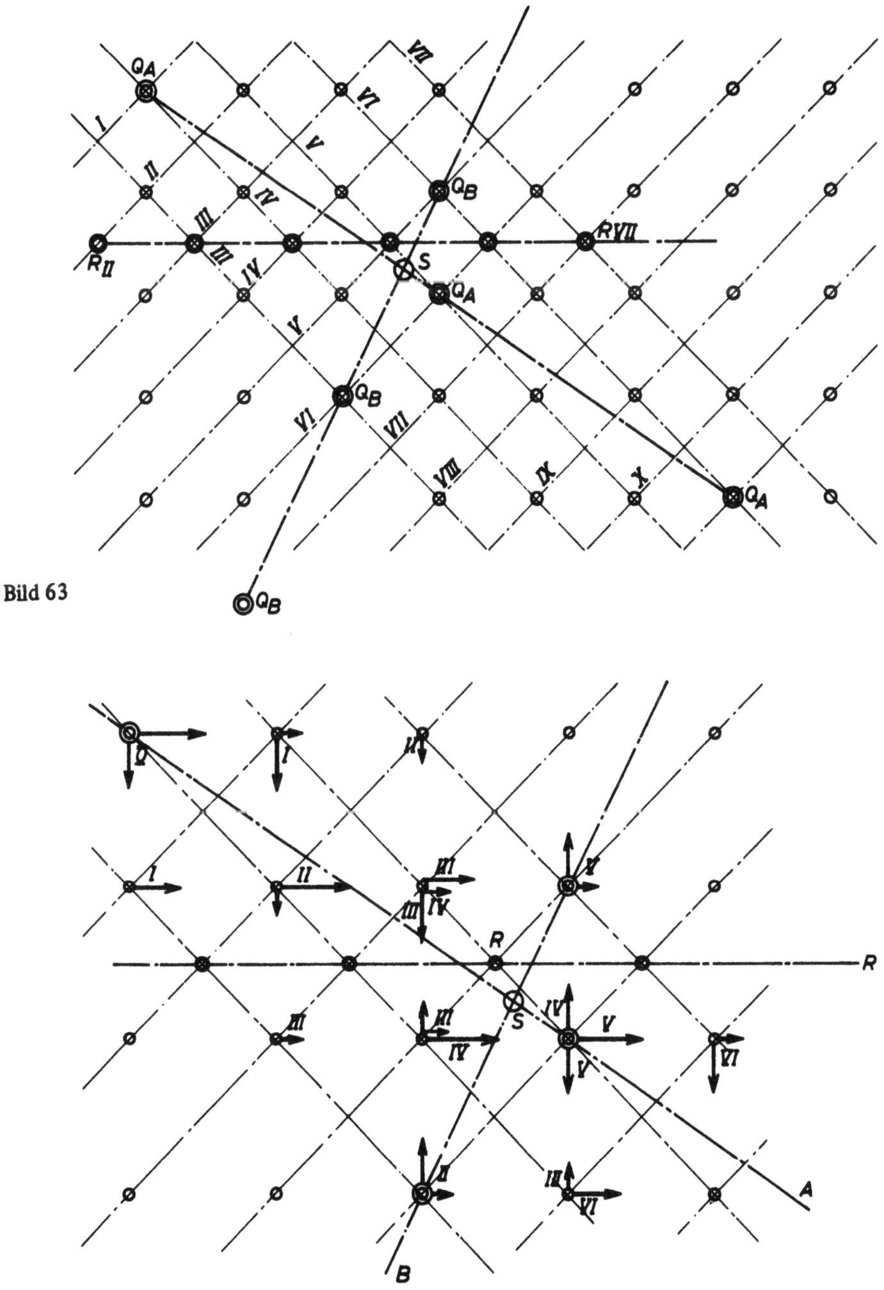

Bild 63

Bild 64

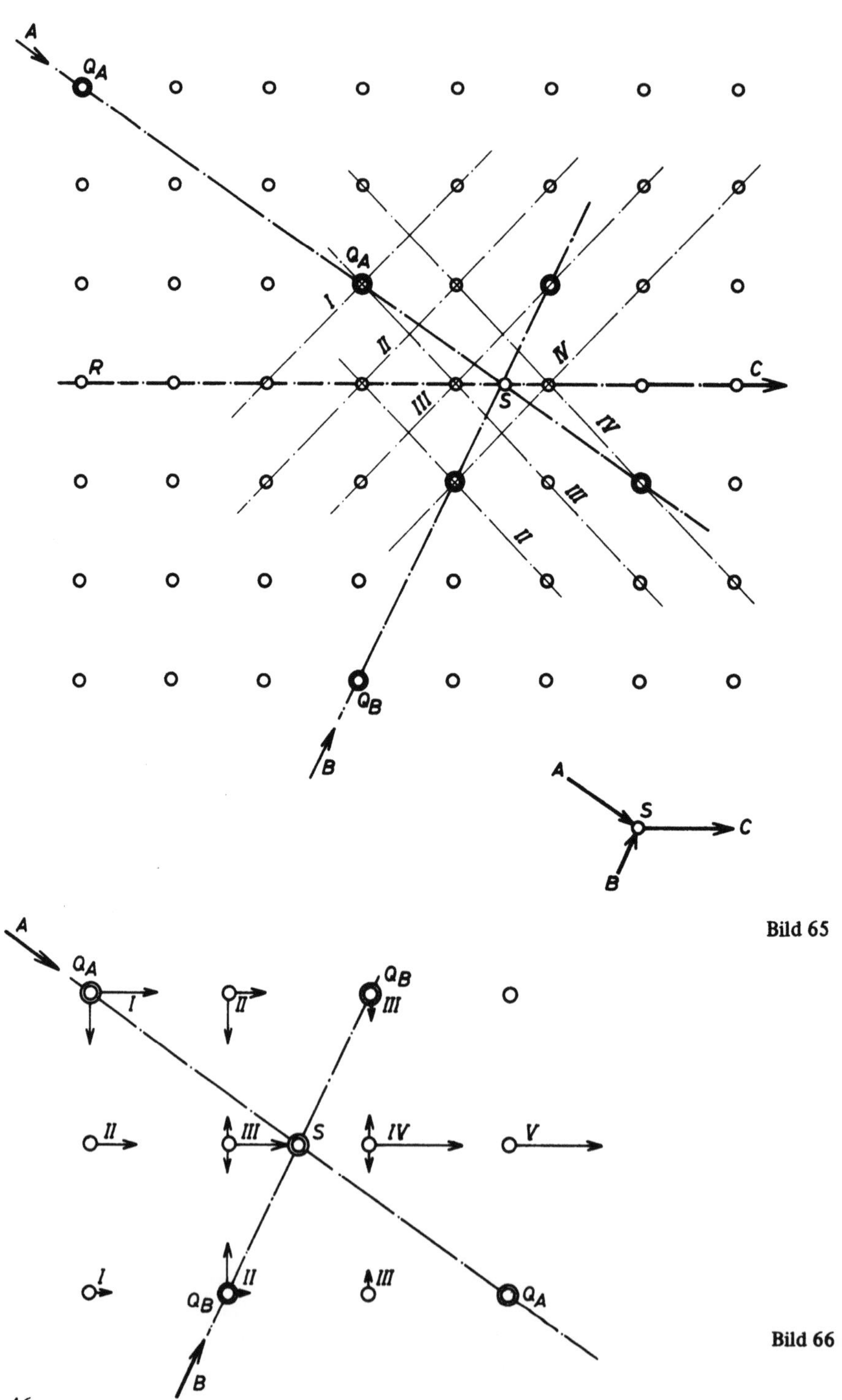

Bild 65

Bild 66

46

Die Bilder 61 — 66 zeigen wieder eine Reihe von interessanten Fällen der Begegnung
solcher Teilchen. Wieder ist der Verlauf der Begegnung phasenabhängig. Eine Reaktion
zweier Teilchen findet immer statt, wenn sie sich in ihrem Nullphasenpunkt treffen
(z.B. Bild 61, 62). Aber auch in anderen Fällen können sie reagieren, wie z.B. Bild
65, 66 zeigt. Hierbei spielen die bereits erwähnten Phasenlinien eine Rolle. Wir können eine Zeitphasenlinie R konstruieren, welche die Verbindungslinie der Schnitt-
punkte gleicher Zeitphasenlinien der beiden Teilchen darstellt. Geht diese durch den
Schnittpunkt S der Teilchenbahnen, so ist eine Reaktion möglich (Bild 65,66).

Selbstverständlich sind die gezeigten Beispiele noch sehr primitiv. Aber selbst diese
einfachen Formen geben bereits eine Fülle von Anregungen und zeigen, daß der
grundsätzlich eingeschlagene Weg der Digitalisierung hochinteressant ist und bei
Erweiterung der Gesetze weitere Einsichten zu erwarten sind.

### 4. Über dreidimensionale Systeme

Die in den Abschnitten 3,2 und 3,3 entwickelten Gedanken können sinngemäß auch
auf drei Dimensionen angewandt werden. Die Arbeiten des Verfassers sind in dieser
Richtung jedoch noch nicht abgeschlossen und sollen einer besonderen Ausarbeitung
vorbehalten bleiben.

# 4. Allgemeine Betrachtungen

## 1. Zellulare Automaten

Die angeführten Beispiele der Digitalisierung von Feldern und Teilchen sind in der
vorliegenden unreifen Form selbstverständlich noch weit davon entfernt, zur Formu-
lierung physikalischer Gesetze zu dienen. Sie können jedoch eine rohe Vorstellung
von den Möglichkeiten geben, das Werkzeug der Automatentheorie auch auf physikalische Fragen anzuwenden.

Bei den gezeigten Beispielen haben wir es im wesentlichen mit Punktgittern zu tun.
Der einzelne zelluare Automat besteht also aus einem Gitterpunkt, der mit den Nachbarpunkten durch Informationsaustausch in Verbindung steht. Bei den in Bild 34
und 35 gezeigten Gitternetzen sind allerdings die Gitternetze zweier verschiedener
Werte, p und v, ineinander verschachtelt. Der entsprechende zelluare Automat muß
also mindestens zwei Punkte enthalten. Für die Zusammenfassung gibt es jedoch
verschiedene Möglichkeiten, so daß die Auflösung in einzelne Automaten nicht eindeutig ist, was jedoch an dem Verhalten des Gesamtsystems nichts ändert.

Allgemein gesehen haben derartige Auflösungen des Kontinuums in diskrete zellulare
Automaten selbstverständlich verschiedene Konsequenzen. Auch von Physikern ist
der Gedanke der Gitterstruktur des Raumes schon verschiedentlich behandelt worden,
allerdings nicht im Sinne der Automatentheorie. Im allgemeinen wird der Gedanke,
daß der Kosmos tatsächlich in derartige Zellen aufgelöst sein könnte, von den Physikern scharf verworfen. Man ist sich zwar darüber im klaren, daß der Raum nicht in
beliebig kleinen Bereichen als Kontinuum betrachtet werden kann. Der Gedanke
einer kleinsten Länge wird heute bereits weitgehend akzeptiert, jedoch nicht im Sinne
der Auflösung in ein Gitternetz, sondern mehr als prinzipielle Grenze der Unter-
scheidbarkeit zweier verschiedener Partikel. Die Bedenken gegen die Gitterstruktur
sind im wesentlichen folgende:

a) Durch die Gitterstruktur wird die Isotropie des Raumes aufgehoben.
Es ist klar, daß ein regelmäßiges Gitternetz Vorzugsrichtungen aufweist. Dies wirkt
sich z. Beispiel in der Ausbreitung von Feldern (Bild 31, 38) aus und in diskreten
möglichen Richtungen der Digitalteilchen (Bild 60). Wir kennen keinerlei physikalische Experimente, welche iregendwelche Schlüsse auf derartige Vorzugsrichtungen
zulassen. Allerdings ist auch noch nicht systematisch danach gesucht worden. Eine
nüchterne Betrachtung zeigt jedoch, daß Gesetze für eine gitterförmige Raumstruktur
denkbar sind, welche im Bereich kleinerer und mittlerer Energien und Frequenzen die
Gitterstruktur nicht in Erscheinung treten lassen. Die Gitterkonstante muß sicher
wesentlich kleiner angenommen werden als die elementare kleinste Länge von annähernd $10^{-13}$ cm. (Bopp nimmt sogar $10^{-56}$ cm an.) Der Bereich der normalen

Optik z. B. arbeitet mit Wellenlängen, die im Vergleich zu dieser Länge außerordentlich groß sind. Es ist kaum ein Versuch denkbar, der eventuelle diskrete Fortpflanzungsrichtungen von Photonen aufdeckt, wenn wir für die Feinheit einer solchen Richtungsdifferenzierung (in Bogenmaß) denselben Faktor annehmen, mit dem wir noch in der Lage sind, Frequenzen zu unterscheiden, nämlich ca. $10^{-12}$ (Mössbauereffekt).

Derartige Erscheinungen sind wohl erst im Bereich sehr hoher Energien zu erwarten, wenn die Wellenlängen und Periodenlängen sich der Gitterkonstanten nähern. Heute sind wir aber erst dabei, derartige Erscheinungen genauer zu untersuchen. Der Verfasser muß es dem Urteil der Physiker überlassen, ob und in welchen Grenzen diese Erscheinungen mit Hilfe der heutigen Experimentaltechnik beobachtbar sein müßten.

b) Durch die Gitterstruktur des Raumes sind gekrümmte Räume, wie sie von der allgemeinen Relativitätstheorie angenommen werden, schwer darstellbar. Bopp hat hier den Ausweg gewählt, einen kartesischen Raum anzunehmen, bei dem die drei Raumrichtungen je in sich zurücklaufen. Vorstellbar ist dies bei einem zweidimensionalen Raum durch die Annahme eines Toroids.

Es gibt allerdings manche Ausweichmöglichkeiten gegenüber diesen Konsequenzen. Das ganze Gebiet ist noch zu jung, um endgültige Aussagen in positiver oder negativer Richtung machen zu können. Erwähnt seien nur folgende Möglichkeiten:

$\alpha$) Die Annahme fester Schaltungen in Form von zellularen Automaten ist nicht die einzige logische Möglichkeit, logische Verknüpfung diskreter Werte im Raum zu definieren. Führt man die Änderung der Schaltung als Funktion der Ergebnisse des vorhergehenden Ablaufs ein, so lassen sich gesetzmäßig veränderliche Schaltungen entwickeln.

$\beta$) In engem Zusammenhang mit der gesetzmäßigen Veränderlichkeit von Schaltungen steht der Begriff des wachsenden Automaten.

Beide Möglichkeiten erfordern jedoch zunächst eine gut vorbereitete Theorie. Da die Automatentheorie ein junges Gebiet ist, welches in seinen Möglichkeiten noch keineswegs erschlossen ist, kann man auch in der erwähnten Richtung noch einiges erwarten.

$\gamma$) Die Annahme eines Gitters bedeutet auch die Annahme eines ausgezeichneten Inertialsystems, was mit der strengen Auffassung der Relativitätstheorie im Widerspruch steht. Hierauf wird besonders eingegangen werden.

So gesehen, ist die Benutzung orthogonaler Netzwerke zunächst nur der bequemste Weg, die Untersuchungen zu beginnen. Die dabei gewonnenen Erkenntnisse behalten auch sicherlich dann ihren Wert, wenn die Automatentheorie im Laufe der Zeit neue Werkzeuge zur Verfügung stellt.

## 2. Digitalteilchen und zellulare Automaten

Digitalteilchen lassen sich als Störungen eines Normalzustandes eines zellularen Automaten auffassen. Diese Störung hat ein bestimmtes Muster, welches einer periodischen Änderung unterworfen ist. Im Sinne der Automatentheorie geht jeder folgende Zustand aus dem vorhergehenden hervor; jedoch kann sich das gesamte Muster dabei bewegen. Wir haben es gewissermaßen mit „fließenden Zuständen" zu tun. In diesem Sinne kann man Digitalteilchen auch als „sich selbst reproduzierende Systeme" auffassen. Ein gegebenes Muster erzeugt sich selbst in einem Nachbargebiet des zellularen Automaten.

Bei den in Kapitel 3 gezeigten Beispielen werden Digitalfelder und Digitalteilchen getrennt behandelt. Die moderne Feldtheorie ist bemüht, auch die Elementarteilchen durch Singularitäten und spezielle Formen der Felder zu erklären. Die Automatentheorie ist selbstverständlich auch geeignet, solche Auffassungen zu digitalisieren und automatentheoretischen Gesetzen zu unterwerfen. Der Verfasser hofft, in einer späteren Arbeit hierauf noch näher eingehen zu können.

## 3. Zur Relativitätstheorie

Die Frage der Isotropie des Raumes erfordert selbstverständlich auch eine Auseinandersetzung mit der Relativitätstheorie. Die für die spezielle Relativitätstheorie wesentlichen Lorentz—Transformationen lassen sich selbstverständlich auch durch numerische Ansätze beliebig annähern. Allerdings wird es schwer sein, das Modell der Relativitätstheorie in der konsequenten Form digital zu simulieren. Unsere physikalische Erfahrung sagt zunächst, daß kein ausgezeichnetes Koordinatensystem nachweisbar ist und daß wir in unseren Berechnungen berechtigt sind, jedes Koordinatensystem als gleichberechtigt dem anderen gegenüber anzunehmen, wobei die Lorentztransformationen die Beziehungen zwischen diesen Inertialsystemen formulieren. Die strenge Auslegung der speziellen Relativitätstheorie zieht aber den Schluß, daß es auch tatsächlich kein ausgezeichnetes Koordinatensystem gibt und es zwecklos ist, durch Experimente danach zu suchen. Bei der Auffassung des Kosmos als zellularen Automaten kommt man jedoch an der Annahme von ausgezeichneten Bewegungssystemen wohl kaum vorbei. Man kann allerdings die Strukturen von zellularen Automaten so konstruieren, daß es mehrere, aber endlich viele ausgezeichnete Koordinatensysteme gibt. Die Konstanz der Lichtgeschwindigkeit in allen Inertialsystemen wäre durch die digitale Simulierung der Lorentztransformationen und die damit zusammenhängenden Verkürzungen von Körpern darstellbar.

Allerdings muß sich in einem solchen Modell eine Beziehung zwischen der Lichtgeschwindigkeit und der Übertragungsgeschwindigkeit zwischen den einzelnen Zellen des zellularen Automaten ergeben. Diese müssen nicht notwendigerweise identisch sein. Im Gegenteil ist anzunehmen, daß die Übertragungsgeschwindigkeit von Zelle zu Zelle höher sein muß als die erst durch diese Übertragung zustandekommenden

Signalfortpflanzungen. Diese höhere Geschwindigkeit hat jedoch nur lokale Bedeutung. Sie ist aufgrund der Anisotropie des rechnenden Raumes auch verschieden in verschiedenen Richtungen. Allerdings ergibt das „digitale" Modell im Vergleich zum analogen Modell der Relativitätstheorie einen wesentlichen Unterschied: Je mehr sich die relative Geschwindigkeit eines Inertialsystems im Verhältnis zum Bezugssystem der Lichtgeschwindigkeit nähert, desto kritischer wird die digitale Simulation der Vorgänge. Bei energiereichen Teilchen müßte es zu Vorgängen kommen, die man gewissermaßen als ein „sich Verrechnen" des rechnenden Raumes bezeichnen kann. Dadurch könnte grundsätzlich anderes Verhalten von Teilchen sehr hoher Energie (hohe Geschwindigkeit bzw. hohe Frequenz) erklärt werden.

Die strenge Auslegung der speziellen Relativitätstheorie hat zur Konsequenz, daß grundsätzlich zu jedem Inertialsystem ein anderes angenommen werden kann, welches sich zum ersten mit einer Geschwindigkeit kleiner als c bewegt. In diesem zweiten System gelten dann die physikalsichen Gesetze genauso wie in dem ersten. Dieser Prozeß kann im Prinzip beliebig oft fortgesetzt werden. Die ganze Ungeheuerlichkeit dieses Gedankens machen sich wohl nur wenige klar. Auch hier ist zu sagen, daß jeder Begriff des Unendlichen einen Grenzvorgang voraussetzt. Hier handelt es sich um unendlich häufige Wiederholung des Ansetzens eines weiteren Inertialsystems, welches sich relativ zum vorhergehenden bewegt. Dieser Vorgang hat einige Konsequenzen, wenn man informationstheoretische Betrachtungen anwendet, worauf im folgenden eingegangen werden soll.

Interessant ist noch folgende Feststellung:
Wir führen zunächst den Begriff des „Schaltvolumens" ein. Dieses ist gleich der Zahl der beteiligten Schaltglieder mal der Zahl der Schalttakte, welche an einem Vorgang, z.B. der Periode eines Digitalteilchens, beteiligt sind. Bild 67 zeigt eine vereinfachte

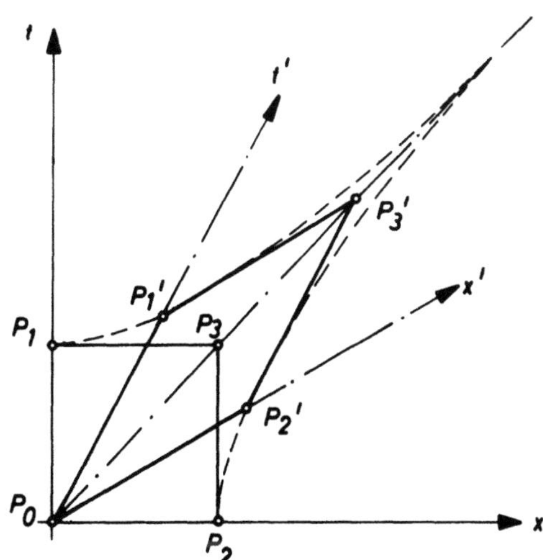


Bild 67

Darstellung, bei der angenommen wird, daß eine „Störung", durch welche das Digitalteilchen repräsentiert wird, sich auf eine Länge $P_0 - P_2$ und die Zeitdauer $P_0 - P_1$ erstreckt. Es wird angenommen, daß das Teilchen im Inertialsystem x, t stillsteht. Dann ist der Raum $P_0, P_1, P_2, P_3$ gleich dem Schaltvolumen einer Periode. Bewegt sich dieses Teilchen relativ zum System x, t, so können wir im Sinne der speziellen Relativitätstheorie ein zweites Inertialsystem x', t' annehmen, relativ zu welchem das bewegte Teilchen ruht. Die Umkehrungen entsprechend der Lorentz-Transformationen ergeben das Schaltvolumen $P_0, P_1', P_2', P_3'$.

Dieses ist flächengleich dem Schaltvolumen $P_0, P_1, P_2, P_3$. Man kann also von einer *Invarianz des Schaltvolumens* sprechen.

## 4. Informationstheoretische Betrachtungen

Durch diese verschiedenen Betrachtungen erhält der Begriff der Information eine wesentliche Bedeutung. Die Informationstheorie hat den Begriff des „Informationsgehaltes" in bezug auf Nachrichtenübertragungssysteme klar formuliert. Man neigt daher dazu, die Informationstheorie für die Theorie der Informationsverarbeitung zu halten. Das trifft jedoch nicht zu. Die leichtfertige Übertragung der Begriffe der Informationstheorie auf Nachbargebiete der Nachrichtenübertragung führt leider oft zu Unklarheiten. Auch bei der vorliegenden Betrachtung müssen wir uns klar werden, was unter Informationsgehalt verstanden werden soll. Bei den physikalischen Prozessen kann man schlecht von Nachrichtenübertragung sprechen. Dies wäre an sich nur interessant, sobald wir den Menschen in die Betrachtung einbeziehen. Bei Annahme einer unendlich feinen Ausbreitung unserer beispielsweise durch elektromagnetische Wellen ausgesandten Nachrichten müßten diese ewig erhalten bleiben, sofern dem nicht die zeitliche Endlichkeit des Weltalls Grenzen setzt. Im übertragenen Sinne kann man dann auch davon sprechen, daß die Strahlen, die aus dem Weltall von anderen Sternen zu uns kommen, für den Menschen Nachrichten bedeuten, wodurch die Frage nach dem Informationsgehalt dieser Nachrichten sinnvoll wird.

Ein solches Verhältnis zwischen Natur und Mensch haben wir auch bei der modernen Auffassung der Quantentheorie, welche sich zur Aufgabe stellt, lediglich die meßbaren Größen in ein mathematisches Schema zu bringen. Die Nachrichten, die wir von der Natur über den Aufbau der Atomhülle erhalten, bestehen im wesentlichen aus den Frequenzen der emittierten Lichtquanten. Auch hier ist die Anwendung des Begriffs „Informationsgehalt" sinnvoll. Jedoch soll an dieser Stelle nicht näher darauf eingegangen werden.

Sieht man von dieser Bedeutung der Information als Mittel der Nachrichtenübertragung ab, so kann man trotzdem auch bei nicht belebten Systemen von einem Informationsgehalt sprechen, wenn man die Varitionsbreite der möglichen Gestaltung eines Gegenstandes, Musters oder dergleichen betrachtet. So kann eine Lochkarte aufgrund ihrer Variabilität einen bestimmten Informationsgehalt, in Bit gemessen, enthalten.

Durch die technischen Eigenschaften der Lochkarte selbst, ferner der zugehörigen
Loch– und Lesesysteme, ist der Informationsaufnahme eine obere Grenze gesetzt,
welche als Informationskapazität bezeichnet werden kann. Für Nachrichtenübertragungen braucht diese Kapazität nicht voll ausgenutzt zu werden, so daß der durch
die Lochkarte vom Sender zum Empfänger übertragene Informationsgehalt geringer
sein kann.

Auch bei einem finiten Automaten kann man von einer maximal möglichen Informationskapazität sprechen, wenn man die Zahl seiner möglichen Zustände als Maß
nimmt. Ist diese gleich n, so ist der Informationsgehalt = Ld(n) (Logarithmus
dualis).
Eine programmgesteuerte Rechenmaschine stellt, wie wir wissen, einen solchen Automaten dar. Hat ein solches Gerät m Glieder, welche je zweier Stellungen fähig sind
(z.B. Flip–Flops, Ferritkernringe im Speicher usw.), so ist die Zahl der möglichen
Zustände = $2^m$ und die Informationskapazität somit gleich m. Hierbei wird allerdings keinerlei Unterschied zwischen den einzelnen möglichen Zuständen gemacht.
In der Menge der $2^m$ möglichen Zustände zählt derjenige Zustand, in dem alle Register und Speicher gelöscht sind, also auf Null gesetzt sind, ebenso wie die Zustände,
bei welchen im Speicher die Ergebnisse der Lösung einer sehr komplizierten Differentialgleichung enthalten sind. Rein gefühlsmäßig sind wir natürlich geneigt anzunehmen,
daß im gelöschten Zustand das Gerät keinerlei Information enthält, während in dem
erwähnten zweiten Zustand hochinteressante wissenschaftliche Ergebnisse bereit
liegen, um vom Mathematiker verwertet zu werden. Bereits dieses Beispiel zeigt, welche Sorgfalt bei den Definitionen der Begriffe der Informationstheorie angewandt
werden muß. Der Unterschied liegt in diesem Fall darin, daß für einen Empfänger
die beiden Zustände grundverschiedene Bedeutung haben. Der Zustand „alles ge -
löscht" kann das Wissen des Empfängers lediglich um die Kenntnis erhöhen, daß sich
zur Zeit die Maschine im Grundzustand befindet, während im zweiten Fall das Wissen
des Empfängers sich um wesentliche Erkenntnisse erhöht.
Sieht man von diesem individuellen Wert einer Information für den Empfänger ab,
so kommt man auch zu dem Ergebnis, daß der Informationsgehalt eines finiten Automaten sich im Verlauf einer Rechnung nicht erhöhen kann. Da nach Eingabe des
Programms und der Eingangswerte die weitere Rechnung voll automatisch abläuft,
liegen auch die Ergebnisse bereits fest. Für den Benutzer der Anlage haben die Resultate jedoch einen großen Wert: denn aus welchem Grunde sollte er die Rechenmaschine eine Rechnung durchführen lassen, wenn nicht zum Zwecke der Erhöhung
seines Wissens, was nur dadurch möglich ist, daß für ihn der Endzustand des Automaten einen höheren Informationsgehalt hat als der Anfangszustand.
Bei der Betrachtung des Kosmos als zellularen Automaten ergibt sich zunächst, daß
die einzelne Zelle einen finiten Automaten darstellt. Die Frage, wie weit der gesamte
Kosmos als finiter Automat aufgefaßt werden kann, hängt von der Annahme ab, die
man in bezug auf seine Ausdehnung macht. Nimmt man das schon erwähnte von Bopp

vorgeschlagene Toroid höherer Ordnung an, so hat man es auch im Ganzen mit einem finiten Automaten zu tun. Es gilt also zunächst, daß die einzelne Zelle eine begrenzte Zahl von Zuständen einnehmen kann und somit auch nur einen begrenzten Informationsgehalt haben kann. Dies gilt genauso für den gesamten Kosmos, wenn man passende Annahmen über seine Begrenzung macht.

Die Automatentheorie zeigt nun, daß für einen autonomen finiten Automaten verschiedene charakteristische Ablaufbilder möglich sind, von denen einige besprochen seien:

Jedem gegebenen Zustand ist ein Folgezustand zugeordnet. Man kann also die Relation „Zustand A löst Zustand B aus" als Relation F (A,B) auffassen und entsprechend in Form einer Pfeilfigur darstellen. Für eine solche Pfeilfigur wird heute auch häufig der Ausdruck „Graph" benutzt. Die Bilder 68 a—d zeigen verschiedene Typen von Pfeilfiguren. Wichtig ist dabei, daß jeder Zustand nur einen Folgezustand haben kann, jedoch mehrere vorhergehende Zustände, die ihn auslösen können. Die Ablaufbilder zeigen, daß ein autonomer Automat auf jeden Fall in einem periodischen Zyklus enden muß, der unter Umständen auch in einen einzelnen Endzustand ausarten kann.

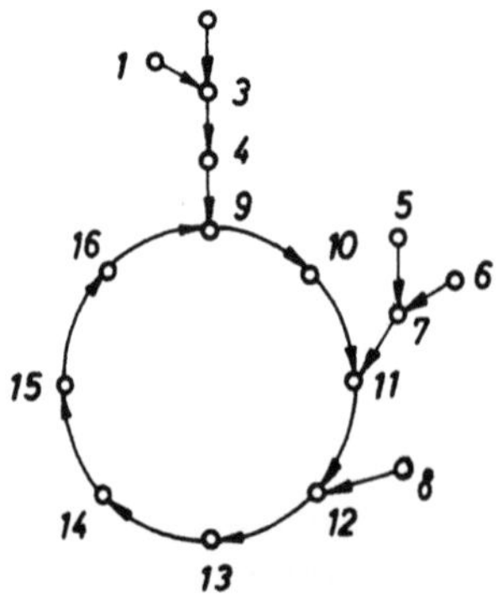

Bild 68 a

Bild 68 b

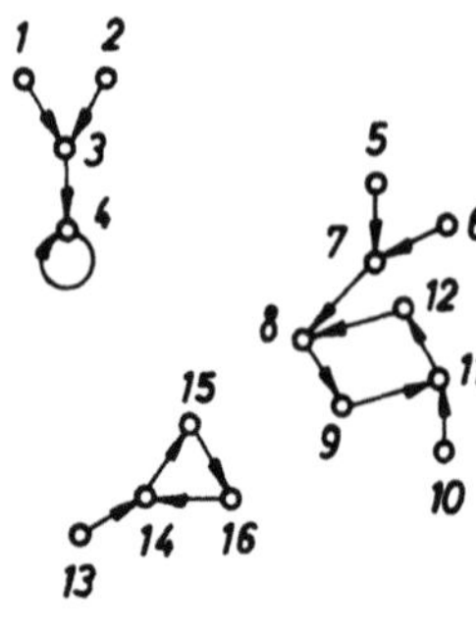

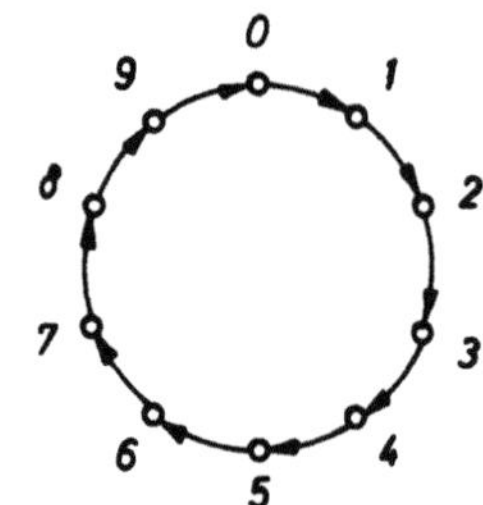

Bild 68 c

Bild 68 d

Bei einem zellularen Automaten kann man diese Kenntnis nicht auf die einzelne Zelle
übertragen, da diese im Informationsaustausch mit den Nachbarzellen steht und damit
keinen autonomen finiten Automaten darstellt. Bei der Annahme einer Begrenzung
des Kosmos im Ganzen haben wir es allerdings mit einem finiten autonomen Automaten zu tun, sofern wir irgendwelche Einflüsse einer höheren Außenwelt außer Be-
tracht lassen. Es ergäbe sich dann zunächst auch die etwas ernüchternd wirkende
Konsequenz, daß der kosmische Ablauf zwangsläufig in einem periodischen Zyklus
enden muß. Diese an sich logisch einwandfreie Erkenntnis erhält jedoch durch eine
quantitative Betrachtung ein anderes Gesicht.

Die Ausdehnung des Kosmos wird heute von einigen Physikern in der Größenordnung
von $10^{41}$ Elementarlängen ($10^{-13}$ cm) angenommen. (Etwa 10 Milliarden Lichtjahre.)
Wir haben es also mit einem Rauminhalt von etwa $10^{123}$ Elementarkuben der Elementarlänge zu tun. Ordnet man jedem dieser Elementarkuben nur ein einzelnes Bit
an Informationsgehalt zu, so haben wir also bereits $2^{10^{123}}$ verschiedene mögliche
Zustände des Kosmos. Diese Zahl stellt aber nur einen unteren Grenzwert dar. Tatsächlich muß noch ein wesentlich feineres Gitter vermutet werden, wobei nicht bekannt ist, wieviele Variationen in jedem einzelnen Gitterpunkt möglich sind. Dabei
ist zu beachten, daß der Raum außerordentlich genau rechnet. Das Verhältnis der
elektrostatischen Wechselwirkung zur Wechselwirkung aus der Gravitation beträgt
etwa $10^{40}$ : 1. Die Wechselwirkungen der Kernkräfte sind noch einmal um Größenordnungen stärker. Der oben angegebene Wert stellt also tatsächlich nur einen unteren Grenzwert dar, der wahrscheinlich noch um viele Größenordnungen zu klein ist.

Nimmt man nun die Zahl der Zeittakte annähernd in der gleichen Größenordnung
wie die räumliche Ausdehnung, nämlich zu $10^{41}$ an, so ergibt sich, daß trotz dieser
langen Zeit nur ein verschwindend kleiner Bruchteil der möglichen Zustände des Kosmos durchgespielt werden kann. Es sind $2^{10^{82}}$ verschiedene Typen von Abläufen möglich, die voneinander unabhängig sind. Das bedeutet auch, daß die Zahl der Verflech-
tungen und baumartigen Verzweigungen unüberblickbar groß ist. Die oben im Zusammenhang mit Bild 68 erwähnten automatentheoretischen Betrachtungen verlieren somit an Aussagekraft. Welchen Sinn hat die Erkenntnis, daß der Ablauf des Kosmos
in einen periodischen Zyklus auslaufen muß, wenn innerhalb der betrachteten an sich
schon sehr großen Zeiträume eine solche Periode gar nicht erreichbar bzw. auch nur
einmal durchlaufen werden kann?

Aussichtsreicher erscheint die Betrachtung abgeschlossener Vorgänge, z.B. der mit
einem Digitalteilchen verbundene Schaltvorgang. Wir haben bereits gesehen, daß in
einem zellularen Automaten ein Digitalteilchen aus einer Folge von periodisch wiederkehrenden Mustern besteht, welche jedoch nicht ortsgebunden sind, sondern wie
das Bild einer Wanderschriftanlage im Raum der einzelnen Zellen fortschalten können. Der Begriff des „fließenden Zustandes" wurde bereits erwähnt.

Die Frage nach dem Informationsgehalt eines Digitalteilchens läßt sich unter verschiedenen Gesichtspunkten stellen. Zunächst nimmt ein solches Digitalteilchen in einem bestimmten Zeitpunkt ein bestimmtes Raumgebiet ein. Sein Informationsgehalt kann also nicht höher sein, als die Informationskapazität dieses Raumgebietes, welche sich aus der Zahl der möglichen Zustände dieses Gebietes ergibt. Es ist aber sehr unwahrscheinlich, daß jeder Zustandsvariation eines solchen abgeschlossenen Gebietes auch ein Digitalteilchen entspricht. Es ist vielmehr anzunehmen, daß nur eine begrenzte Auswahl einzelne stabile Musterperioden auslöst.

Wir können jetzt unabhängig von dem durch ein Digitalteilchen eingenommenen Raum fragen, wieviel Mustervariationen, welche Phasen eines Digitalteilchens darstellen, überhaupt möglich sind. Hierbei ist eine Klassifizierung der Muster in verschiedener Hinsicht von Vorteil:

1. Typ
2. Richtung und Geschwindigkeit (Impuls)
3. Phasenlage
4. Ort des Teilchens

Die Beantwortung der Frage 1 setzt voraus, daß wir über ein Modell verfügen, welches verschiedene Arten von Digitalteilchen zuläßt, so wie wir es in der Natur mit Photonen, Elektronen usw. zu tun haben.

Die Beantwortung der 2. Frage setzt voraus, daß unser Modell verschiedene Geschwindigkeiten und Fortpflanzungsrichtungen der periodischen Musterfolge zuläßt.

Schließlich ergibt sich die Phasenfolge aus der einem speziellen Teilchen bestimmten Typs und bestimmten Impulsen zugeordneten periodischen Folge von Mustern.

Die Frage 4 ist nur von Bedeutung, wenn man die Beziehungen der Teilchen untereinander betrachtet. Selbstverständlich kann ein abgeschlossener Raumteil nicht die Information über seine eigene Lage enthalten.

Die in Kapitel 3 in den Bildern 42–66 gezeigten Beispiele genügen diesen Bedingungen nur in begrenztem Maße. Zunächst erlaubt das Modell nur die Darstellung eines einzelnen Teilchentyps. Ferner liegt lediglich die Möglichkeit der Richtungsvariation, aber nicht der Geschwindigkeitsvariation vor. Die Periodenlängen der einzelnen Teilchen sind verschieden, was jedoch unsere Betrachtung nicht beeinflußt. Der Informationsgehalt hängt bei diesem Teilchentyp von der Genauigkeit der Darstellung der Pfeillänge ab bzw. von der Stellenzahl, mit der sie digital dargestellt werden. Nimmt man zum Beispiel 4 absolute Längen einer Komponente an, so hat man einschließlich der Null 9 verschiedene Pfeillängen für eine Komponente; somit im zweidimensionalen Raum 81 verschiedene Impulsvariationen. Anhand dieser innerhalb der gegebenen Grenzen möglichen Teilchenvariationen läßt sich also ein Informationsgehalt eines Teilchens bestimmen. Jedes dieser Teilchen hat nun auch wieder eine Reihe verschiedener Phasenlagen, so daß die Zahl der den möglichen Digitalteilchen zugeordneten Muster sich noch erhöht. So hat z.B. das in Bild 59 dargestellte Teilchen 7 verschiedene Phasenlagen ($\tau_0 - \tau_6$).

Interessant ist die Frage der Erhaltung der Information bei der Reaktion zwischen
Digitalteilchen. Bei den in Kapitel 3 gegebenen Beispielen werden bei der Reaktion
die Impulspfeile addiert. Das bedeutet, daß sich die Stellenzahl dieser Impulspfeile des
sich ergebenden neuen Teilchens gegenüber den in die Reaktion eingehenden Teilchen erhöhen muß. Schließen wir zur Vereinfachung der Betrachtung die Pfeillänge
0 aus und nehmen an, daß die Pfeile der reagierenden Teilchen mit 3 Binärstellen
dargestellt werden, so müssen die Pfeile des sich ergebenden Teilchens mit 4 Binärstellen dargestellt werden. Vor der Reaktion haben wir also 2 Teilchen mit je 2x3 Bit
Informationsgehalt, also insgesamt 12 Bit. Nach der Reaktion verfügen wir jedoch
nur über ein Teilchen mit 2x4 = 8 Bit Informationsgehalt. Wir haben also bei der
Reaktion einen Verlust an Information von 4 Bit. Dabei haben wir noch zugelassen,
daß die Pfeile des sich ergebenden Teilchens mit einer hohen Stellenzahl dargestellt
werden. Dies bedeutet an sich bereits die Zulassung eines neuerlichen Typs. Lassen wir
dies nicht zu, so muß ein Gesetz gefunden werden, welches bei Stellenüberschreitung
infolge Addition in Kraft tritt. Nimmt man hierfür einfach an, daß der Maximalwert
nicht überschritten werden darf, so führen aufeinanderfolgende Reaktionen nach
einer gewissen Zeit zwangsläufig dazu, daß es nur noch Teilchen mit absolut genom-
menen maximalen Impulspfeilen gibt.

Die hier gewählten Beispiele für Digitalteilchen sind also noch viel zu einfach, um in
eine engere Beziehung zu physikalischen Vorgängen gesetzt werden zu können. Tatsächlich haben wir ja auch in der Natur nie den Fall, daß Teilchen gleichen Typs
miteinander reagieren, geschweige denn, daß zwei solcher Teilchen ein Teilchen des
höheren Typs ergeben. Bei den Elementarteilchen der Physik gelten Erhaltungsge-
setze der Energie, des Impulses, der Ladung des Spins usw. Erst wenn wir über Modelle von Digitalteilchen verfügen, mit deren Hilfe entsprechende Terme darstellbar
sind, lassen sich vergleichende Betrachtungen mit den Elementarteilchen der Physik
und ihren Reaktionen durchführen.

Interessant wird dabei selbstverständlich die Frage sein, ob der Erhaltung der verschiedenen genannten Größen bei entsprechend aufgebauten Digitalteilchen auch
eine entsprechende Erhaltung der Information zugeordnet ist. Noch komplizierter
wird das Problem, wenn die Felder mit in die Betrachtung einbezogen werden. Diese
Fragen kann der Verfasser heute nur stellen, aber noch nicht beantworten. Vielleicht
ist aber diese Frage gar nicht von so entscheidender Bedeutung. Irgendwie läuft die
Fragestellung auf das „Gestalt"-Problem hinaus, welches bekanntlich mathematisch
sehr schwierig zu behandeln ist.

Hier stoßen wir auch auf eine der Schwierigkeiten der Informationstheorie. Bei der
Nachrichtenübertragung erreicht man dann den höchsten Informationsgehalt, wenn
die Wahrscheinlichkeit für die einzelnen Zeichen möglichst gleichmäßig verteilt ist.
Man spricht dann auch von der maximalen Entropie einer Nachricht. Man kann sich
dies leicht so veranschaulichen, daß jede Möglichkeit, aus einem Zusammenhang der

bis dahin empfangenen Nachricht heraus auf die folgenden Zeichen zu schließen, den Informationsgehalt notwendigerweise einschränken muß, da durch die damit verbundene Redundanz die Freiheit in der Auswahl der Zeichen eingeschränkt ist. (Eine Nachricht, deren Inhalt man schon vorher erraten kann, hat keinen Informationsgehalt.) Jede Art von Gestalt stellt jedoch durch die in ihr liegenden Gesetze eine Einschränkung der Darstellungsmöglichkeiten dar und verringert somit auch den Informationsgehalt. Erhaltung der Information und Erhaltung der Gestalt stehen also in einem gewissen Widerspruch zueinander.

Die Frage, ob die in der Physik bewährten Begriffe, wie Energie, Wirkungsquantum, Elementarladung, Masse usw., durch Begriffe der Informationstheorie bzw. —Verarbeitung ersetzt bzw. interpretiert werden können, muß heute ebenfalls noch unbeantwortet bleiben. Im Modell eines zellularen Automaten, der so aufgebaut ist, daß in ihm Vorgänge ablaufen, welche zu den genannten physikalischen Größen in Beziehung gesetzt werden können, müssen diese Größen durch den Aufbau der Schaltung bzw. durch die durch die Schaltung repräsentierten Werte dargestellt sein.

Wichtiger als der Begriff des Informationsgehaltes ist vielleicht der Begriff des Informationsumsatzes. Durch Schaltungssätze wird dann nicht etwas Statistisches, sondern etwas Dynamisches erhalten. Vielleicht kann man es die Erhaltung des Geschehens oder der Kompliziertheit des Geschehens nennen. (Auf den Gedanken der „Erhaltung der Kompliziertheit" brachte mich Herr Dr. Reche, allerdings in einem anderen Zusammenhang.) Dann erhält der „Schaltvorgang" eine erhöhte Bedeutung. Gibt man z.B. dem Wirkungsquantum die Dimension „Schaltvorgang", so erhält die Energie die Dimension „Schaltvorgang pro Zeiteinheit". Der Satz von der Erhaltung der Energie kann dann als Satz von der Erhaltung des Geschehens interpretiert werden. Schon der Name „Wirkungsquantum" deutet ja auf eine enge Beziehung zur schaltungsmäßigen Wirkung, nämlich den Schaltvorgang, hin. Die Deutung der Energie als „Geschehen" läßt wiederum die Beziehung zwischen Energie und Frequenz verständlich erscheinen. Diese Gedanken sind jedoch zunächst nur reine Spekulationen. Sie sollen nur dazu anregen, automatentheoretische Betrachtungsweisen in der Physik zu fördern.

Eine informationstheoretische Betrachtung der Heisenberg'schen Unbestimmtheitsrelation sei noch angeschlossen. Steht zur digitalen Darstellung zweier Größen A und B insgesamt eine Speicherkapazität von m Bit zur Verfügung, so hat man die Freiheit, die beiden Größen mit verschiedener Stellenzahl und somit Genauigkeit auf diese Stellenzahl aufzuteilen. Gibt man A die Stellenzahl n, so hat B die Stellenzahl m−n. Der Fehler von A hat also die Größenordnung von $2^{-n}$, der von B die Größenordnung von $2^{-(m-n)}$. Das Produkt beider Fehler ergibt die Konstante $2^{-m}$.

Man kann sich nun vorstellen, daß die beiden konjugierten Größen A und B durch die das Digitalteilchen repräsentierenden Muster nicht direkt dargestellt werden, sondern abgeleitete Größen darstellen, die erst bei bestimmten Vorgängen in Erscheinung treten. Der begrenzte Informationsgehalt des Digitalteilchens erlaubt es dabei nicht, beide Größen mit der maximal möglichen Genauigkeit darzustellen. Beim Digitalteilchen kommt noch hinzu, daß auch bei völliger Unbestimmtheit der einen Größe die andere nicht mit unendlicher Genauigkeit dargestellt werden kann, sondern lediglich mit der durch die begrenzte Stellenzahl begrenzenden maximalen Genauigkeit. Zur Frage der Erhaltungssätze ist vom Standpunkt der digitalen Modelle folgendes zu sagen: Es müssen Grenzwerte der absoluten Beträge nach oben und unten betrachtet werden. Additionsgesetze können nicht unbegrenzte Gültigkeit haben. Ebenso können je nach Aufbau des Modells durch Unterschreiten der Schwellwerte Verluste eintreten. Es sind jedoch auch digitale Modelle denkbar, bei denen trotz dieser Gegebenheiten Erhaltungssätze definierbar sind.

## 5. Über Determination und Kausalität

Mit informations- und automatentheoretischen Betrachtungen in engem Zusammenhang steht die Frage der Determination und Kausalität. Der Ausdruck „Kausalität" wird in der Literatur nicht immer streng im gleichen Sinne gebraucht. Gemeint ist im folgenden stets das, was im allgemeinen mit „Determination" bezeichnet wird, nämlich die Bestimmung der Folgesituation eines abgeschlossenen Systems als Funktion des vorhergehenden Zustandes. Als abgeschlossenes System kann man selbstverständlich auch den gesamten Kosmos auffassen, sofern man die nötigen Konsequenzen dieser Annahme berücksichtigt.

Die Automatentheorie arbeitet mit dem Begriff des Zustandes eines Automaten. Finite Automaten können eine begrenzte Anzahl von Zuständen einnehmen. Liegt kein Eingangssignal vor, so ergibt sich aufgrund des dem Automaten zugrunde liegenden Algorithmus aus dem gegebenen Zustand der folgende. Da die Automatentheorie mit abstrakten Begriffen arbeitet, erfolgt dieser Übergang von einem Zustand in den anderen in der Theorie ohne Zwischenstufen. Dabei fragt die Automatentheorie nicht danach, wie bei einem technisch tatsächlich ausgeführten Automaten ein solcher Übergang erfolgt. Es interessiert lediglich, daß z.B. ein Flip-Flop innerhalb einer gewissen Zeit, der Taktzeit, von einem stabilen Zustand in den anderen übergeht. Daß man diesen Vorgang des Umschlagens selbstverständlich technologisch analysieren kann, liegt außerhalb der Betrachtungsweise der Automatentheorie, solange diese sich nicht ausdrücklich bemüht, solche Einzelheiten mit zu erfassen.

Von Physikern wird mitunter die Ansicht vertreten, daß der stufenlose Übergang eines Atoms von einem stabilen Zustand in den anderen mit dem Kausalgesetz schlecht in Einklang zu bringen ist; z.B. Arthur March „Die physikalische Erkenntnis und ihre Grenzen", Seite 19. Er versteht dort den Begriff der Kausalität so, daß der Übergang von einem abgeschlossenen System zum nächsten ein kontinuierliches Geschehen voraussetzt. Diese Auffassung wird einer automatentheoretischen Betrachtung physikalischer Prozesse kaum standhalten können. Es ist auch nicht

anzunehmen, daß sie wirklich begründet werden kann. Das Denken in ganzen Zahlen
und diskreten Zuständen erfordert ein Denken in unstetigen Übergängen, bei denen
das Kausalgesetz durch Algorithmen formuliert ist. Das Arbeiten mit diskreten
Zuständen und Quantisierungen als solches bedingt nicht notwendigerweise einen
Verzicht auf eine kausale Betrachtungsweise.

Dieser stufenlose Übergang im Sinne der Automatentheorie muß auch wohl unter-
schieden werden vom Gedanken des stufenlosen Übergangs zwischen den einzelnen
stabilen Zuständen eines Atoms. Da wir mit keinem Experiment in der Lage sind,
den Vorgang eines solchen Übergangs irgendwie zu analysieren, gehören alle Theorien hierüber in den Bereich der Spekulation. Im automatentheoretischen Sinne
besteht das Ziel natürlich darin, solche Modelle zu schaffen, bei denen diese Übergänge in einzelne Phasen verfolgbar sind und der damit verbundene Vorgang des
Aussendens bzw. Einfangens eines Photons durch das Modell erklärt werden kann.
Ob dieses Ziel je erreicht werden kann, ist heute noch nicht zu überblicken. Man kann
sich aber wohl gegen die oft vertretene Auffassung wehren, daß derartige Übergänge
grundsätzlich nicht analysierbar seien und solche Versuche daher grundsätzlich zu
unterbleiben hätten. Bekanntlich gibt die Quantenphysik für derartige Vorgänge nur
statistische Gesetze an, bei denen eine Determination im einzelnen durch eine statistische Determination ersetzt wird. Hierauf wird weiter unten im Zusammenhang
mit der Diskussion des Wahrscheinlichkeitsbegriffes eingegangen werden.


Wichtig ist die Frage, ob die Determination in beiden Zeitrichtungen gilt, d.h. sowohl spätere Zustände des Systems eindeutige Funktionen des vorhergehenden sind,
als auch umgekehrt. Das klassische Modell der Mechanik erfüllt diese Forderung
nach zeitlicher Symmetrie bekanntlich in idealer Weise. Die statistische Quantenmechanik führt den Begriff der Wahrscheinlichkeit ein und sieht in der Zunahme der
Entropie ein Abweichen von der zeitlichen Symmetrie. Finite Automaten folgen im
allgemeinen nur den in positiver Zeitrichtung determinierten Gesetzen. Der Algorithmus setzt nur fest, welcher folgende Zustand sich aus dem gegebenen ergibt, nicht
umgekehrt. Es lassen sich zwar Automaten konstruieren, bei denen auch der vorhergehende Zustand durch den folgenden bestimmt ist, was jedoch nicht notwendigerweise Symmetrie der Gesetze in zeitlicher Richtung bedeutet. Ein Blick auf Rechenmaschinen möge dies veranschaulichen. Eine Rechenmaschine ist – einwandfreies
Arbeiten vorausgesetzt – in positiver Zeitrichtung determiniert. Im allgemeinen sind
Rechenvorgänge nicht umkehrbar, was sich schon daraus ergibt, daß die logischen
Grundoperationen, welche die elementaren Bausteine aller höheren Rechenopera-
rationen darstellen, nicht umkehrbar sind (z. B. a v b $\Rightarrow$ c). Ein Zählwerk stellt ein
Beispiel einer Rechenmaschine dar, welche im Effekt in beiden Richtungen determiniert ist, da es in der einen Zeitrichtung vorwärts und in der anderen rückwärts
zählt, sofern man nur die Zustandstabelle betrachtet und die Vorgänge im einzelnen
nicht analysiert.

60

Bereits in Kapitel 4.4. wurden im Zusammenhang mit Bild 68 die verschiedenen charakteristischen Ablauftypen für autonome Automaten besprochen. Ein in beiden Richtungen determinierter Automat, wie das erwähnte Zählwerk, würde Typ 68 b entsprechen.

Es besteht jedoch noch ein Unterschied: In positiver Zeitrichtung ist das Gesetz, durc welches der nachfolgende Zustand mit dem vorhergehenden verknüpft ist, durch einen Algorithmus explizit gegeben. In negativer Zeitrichtung besteht zwar ebenfalls eine eindeutige Zuordnung, jedoch kann diese Zuordnung implizit gegeben sein, d.h. nicht ohne weiteres direkt „ausrechenbar". In den Diagrammen entsprechend Bild 68 und den Zustandstabellen entsprechend Bild 4 kommt dieser Unterschied zwar nicht zum Ausdruck. Jedoch sind derartige Darstellungen nur für sehr einfache Automaten ausführbar und dienen mehr prinzipiellen Untersuchungen, als der praktischen Bestimmung des Ablaufs eines Automaten. Das tatsächliche Gesetz für die Bildung des folgenden Zustandes ist durch die Schaltungen des Automaten gegeben. Wir können sagen, daß ein autonomer Automat in positiver Zeitrichtung determiniert ist und in speziellen Fällen negativer Zeitrichtung eine „Pseudodetermination" besteht.

Ähnlich liegen die Verhältnisse bei den ebenfalls in Kapitel 4.4 erwähnten Digitalteilchen. Solange ein solches Teilchen unbeeinflußt seinen Weg nimmt, läuft eine eindeutige Folge von Zuständen ab. Die Verhältnisse ändern sich sofort, wenn man die Reaktion zweier Teilchen betrachtet. Hier handelt es sich bei den in Kapitel 3 Bild 42—66 gegebenen Beispielen um nicht umkehrbare Vorgänge. Das zugrunde gelegte Schaltungsgesetz regelt die Vorgänge bei der Begegnung von Teilchen. Es liegt jedoch keinerlei Veranlassung für ein Teilchen vor, sich irgendwann in zwei andere aufzulösen. Damit ist jedoch nur eine Aussage über die in Kapitel 3 besprochenen Modelle gemacht. Die Frage, ob brauchbare Modelle von Digitalteilchen konstruierbar sind, die diese Eigenschaft nicht haben, ist schwer zu beantworten. Man kommt hier auf dasselbe Problem, vor das die Physiker beim Zerfall von Elementarteilchen oder Atomkernen gestellt sind. Nach dem heutigen Stand der theoretischen Physik sind wir nur in der Lage, hierfür Wahrscheinlichkeitsgesetze anzugeben. In einem determiniert ablaufenden Modell, welches jegliche nach Wahrscheinlichkeitsgesetzen arbeitende Elemente ausschließt, bleiben nur zwei Lösungswege:

a. Man baut das Modell des Digitalteilchens so auf, daß es gewissermaßen eine Uhr enthält, welche nach Erreichen eines bestimmten Zustandes die Teilung auslöst.

b. Man berücksichtigt den Einfluß der Umwelt, beispielsweise von Feldern, durch die sich das Digitalteilchen bewegt. Ein Teilchen kann während des Ablaufs seiner verschiedenen Phasen kritische Zustände durchlaufen, bei denen der Einfluß der Umgebung (Frequenz usw.) die Auslösung einer Spaltung bewirkt.

Der heutige Stand der physikalsichen Theorien erlaubt nicht, von diesen Möglichkeiten für digitale Modelle Schlüsse auf die physikalischen Gesetze zu ziehen. Es gilt hier wieder das bereits im Zusammenhang mit dem Übergang von einem Zustand

eines Atoms zum anderen Gesagte, daß keinerlei Experimente einen Blick hinter die
Kulissen erlauben und daher jegliche Theorien spekulativen Charakter haben. Immer-
hin hat man bereits heute eine gewisse Abhängigkeit der Radioaktivität von hohen
Temperaturen festgestellt, was der Annahme von kritischen Situationen, die durch
die Umgebung beeinflußt werden, entsprechen würde.

Eine Erkenntnis ist jedoch noch wichtig: Die Annahme nur in positiver Zeitrichtung
geltender Determination ist nicht an die Auflösung der physikalischen Gesetze in
Wahrscheinlichkeitsgesetze im Kleinen gebunden. Auch ist die Zunahme der Entropie nicht notwendig mit dieser Frage verbunden. Automatentheoretisch gesehen be-
kommen alle diese Fragestellungen ein anderes Gesicht. Die Entropie läßt sich auch
in einem streng determiniert ablaufenden digitalen Modell erklären.

Betrachten wir unter diesem Gesichtspunkt noch einmal das Modell der klassischen
Physik. Wie schon erwähnt, setzt die Gültigkeit der Determination insbesondere in
beiden Zeitrichtungen absolute Genauigkeit der einzelnen Vorgänge voraus. Es ist
kaum anzunehmen, daß man sich bisher schon ernsthaft Gedanken über die unge-
heure Tragweite dieser Annahme in informationstheoretischer Sicht gemacht hat.
Ein solches Modell erfordert eine unendlich feine Struktur der räumlichen und zeitlichen Beziehungen. Einem beliebigen Raum–Zeit–Element muß dabei ein unendlicher Informationsgehalt zugeordnet werden. Es ist praktisch unmöglich, ein solches
Modell rechnerisch exakt zu simulieren, da man mit unendlichen Stellenzahlen rechnen müßte. Bei den außerordentlich zahlreichen Stoßvorgängen innerhalb eines Gases
sind die Fehlerquellen entsprechend groß und bewirken sehr schnell ein Abweichen
vom theoretischen Ablauf. Das heißt, je besser das Gesetz der Kausalität auch in
umgekehrter Zeitrichtung angenähert werden soll, umso größeren Rechenaufwand
müssen wir im rechnerischen Modell treiben. Dies führt dazu, daß die Simulierung
universeller Systeme mit in beiden Zeitrichtungen wirkender Kausalität wohl zu den
„unberechenbaren" Problemen gehört.

Natürlich können wir sagen, daß dies ja nur für rechnerische Simulationsmodelle gilt.
Aber diese Erkenntnis sollte uns doch zum Nachdenken veranlassen. Sind wir berechtigt, ein Modell der Natur anzunehmen, für das es kein rechnerisches Simula-
tionsmodell gibt?

Unter diesen Gesichtspunkten sollte der noch häufig vertretene Standpunkt einer
Determination in beiden Zeitrichtungen einer gründlichen Revision unterzogen werden.

Die Frage der zeitlichen Symmetrie der physikalischen Gesetze wird neuerdings
vielfach im Zusammenhang mit den Spiegelungseigenschaften des Raumes diskutiert.
Eine automatentheoretische Betrachtungsweise könnte diese Diskussion vielleicht
wesentlich befruchten.

## 6. Zur Wahrscheinlichkeit

Das Problem der Determination ist in der modernen Physik eng mit Wahrscheinlichkeitsgesetzen gekoppelt. Eine automatentheoretische Betrachtung mag hier einge-
flochten sein. Selbstverständlich lassen sich mathematische Gebäude errichten, wie
z.B. die Matrizenmechanik und die Wellenmechanik, bei denen Wahrscheinlichkeitswerte wesentliche Bestandteile bilden. Auch der Automatentheoretiker kann in seine Theorien den Begriff der Wahrscheinlichkeit einführen und die Festlegung des
Folgezustandes von Wahrscheinlichkeitswerten abhängig machen. So weit ist das
ein rein mathematisches Spiel auf dem Papier. Kritisch wird es, wenn man versucht,
praktische Ausführungsformen für derartige nach Wahrscheinlichkeitsgesetzen arbeitende Mechanismen zu konstruieren. In unseren finiten digitalen Rechenautomaten werden solche Rechnungen an sich schon seit langem mit großem Erfolg
angewandt. (Monte-Carlo-Methode.) Das Zufallselement wird hierbei in Form von
„Zufallszahlen" in die Rechnung eingeführt. Die Erzeugung dieser Zufallszahlen
ist nun das entscheidende Problem. Es gibt hierbei zwei Wege:

a. Es werden durch Simulierung von Würfelmethoden und dergleichen Zahlenfolgen
   entwickelt, die keinerlei irgendwie erkennbaren Abhängigkeiten untereinander
   unterliegen. Zum Beispiel kann man solche Zahlenfolgen aus der Berechnung
   irrationaler Zahlen, wie $\pi$, entwickeln. Tatsächlich handelt es sich hierbei jedoch
   um einen streng determinierten Ablauf. Man spricht deshalb auch von Pseudozufallszahlen. Dieses Verfahren ist jedoch völlig ausreichend, wenn man das Bil-
   dungsgesetz für derartige Zufallszahlen sorgfältig auswählt.

b. Man benutzt einen von der Natur gegebenen Mechanismus, der entweder so
   kompliziert ist, daß er in seinen Gesetzen nicht durchschaut werden kann, oder
   von dem entsprechend den geltenden Gesetzen der Physik angenommen werden
   kann, daß er „echte" Wahrscheinlichkeitswerte liefert. Zur ersteren Art gehört
   der Würfelmechanismus, bei dem zwar auch kausale Gesetze eine Rolle spielen,
   wobei aber bei genügend sauberem Aufbau der Würfel eine gute, gleichmäßige
   Wahrscheinlichkeit für alle Fälle erreicht werden kann. Dasselbe gilt für alle
   Glücksspiele, wie z.B. Roulette usw.. Im anderen Fall verlassen wir uns darauf,
   daß z.B. die Radioaktivität einer bestimmten Materie strengen Wahrscheinlichkeitsgesetzen unterliegt. Ob dieser im Atom ablaufende Wahrscheinlichkeitsmecha-
   nismus tatsächlich determiniert ist, ist dabei nicht von Belang, da die Erfahrungen
   auf jeden Fall zeigen, daß ein solches Wahrscheinlichkeitsgesetz angenommen
   werden kann, ohne zu falschen Ergebnissen zu führen. In diesem Fall bezieht der
   Rechenautomat seine Wahrscheinlichkeitswerte gewissermaßen von außen als
   Eingabewerte. Es bleibt die Tatsache bestehen, daß echte Wahrscheinlichkeits-
   mechanismen in technischen Automaten kaum denkbar sind.

Es ist auch noch zu beachten, daß es im Fall a) sehr wichtig ist, daß der Algorithmus zur Bildung der Pseudozufallszahlen sorgfältig ausgewählt werden muß. Dies bedeutet, daß man aus der Menge der grundsätzlich möglichen Ziffernfolgen nur solche auswählen möchte, die möglichst unregelmäßig aufeinanderfolgen und möglichst gleichmäßige Verteilung der Wahrscheinlichkeiten haben. Das bedeutet, daß man längere Folgen gleicher Ziffern bzw. gleichmäßig steigende Ziffern (1, 2, 3 . . . ) ausschließen möchte, obgleich diese Folgen bei echten Folgen von Zufallszahlen genauso wahrscheinlich bzw. unwahrscheinlich sind wie jede andere beliebige Zahlenfolge.

Entsprechend könnte man natürlich die zunächst rein spekulative Frage stellen, ob bei automatentheoretischer Betrachtung physikalischer Prozesse echte Wahrscheinlichkeitsgesetze überhaupt zulässig sind. Diese Frage berührt selbstverständlich auch die Philosophie und kann als solche hier nur erwähnt, aber nicht beantwortet werden.

### 7. Darstellung der Intensität

In zellularen Automaten erfordert die Darstellung der Intensität von Feldstärken und anderer numerischer Größen besondere Beachtung. Deshalb seien im folgenden einige grundsätzliche Möglichkeiten besprochen.

Bild 69 zeigt ein zweidimensionales Gitterwerk, bei dem die einzelnen Gitterpunkte mit elementaren logischen Werten, z.B. Ja-Nein-Werten, belegt werden können. Ordnet man diesen logischen Werten die Ziffern 0 und 1 zu, so stellt die statistische Verteilung der mit 1 belegten Werte ein Maß für eine Feldstärke dar. Diese Art der Darstellung ist selbstverständlich wenig leistungsfähig, wenn viele Größenordnungen der Dichte erfaßt werden sollen. Wie schon erwähnt, liegt das Verhältnis der elektrostatischen Wirkung zur Wirkung aus Gravitation bei $10^{40} : 1$. Wollte man entsprechend Bild 69 im dreidimensionalen Raum mit Ja-Nein-Werten diese Intensitätsunterschiede erfassen, so brauchte man einen Würfel von einer Kantenlänge von etwa $10^{13}$

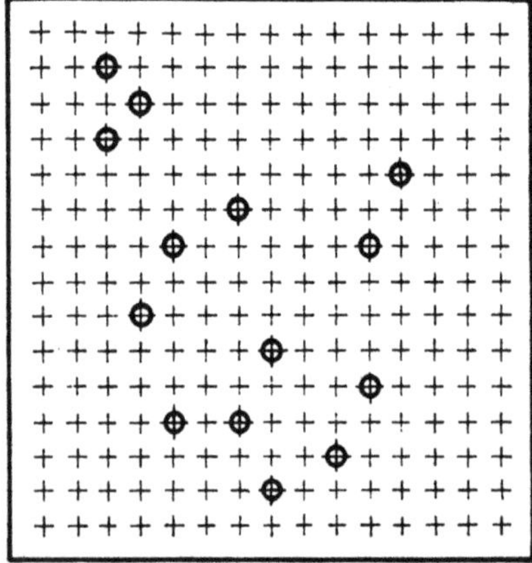

Bild 69

Gitterabständen. Dies stellt jedoch wiederum nur einen unteren Grenzwert dar, da
die tatsächlichen Feldstärken sich noch um viele Größenordnungen unterscheiden
können. Nimmt man daher ein Gitterwerk mit der von Physikern angenommenen
Elementarlänge von $10^{-13}$ cm an, so würde das bedeuten, daß nach diesem Verfahren ein Raum von vielen Kubikzentimetern erforderlich wäre, um die Feldinten-
sität darzustellen. Derartige Modelle sind sicher nicht sehr leistungsfähig, ganz abgesehen davon, daß es mit derartiger statistischer Verteilung schwierig ist, Gesetze für
stabile Digitalteilchen aufzustellen.

Eine wesentlich rationellere Methode bietet das Stellenwertprinzip. Wir werden nicht
auf die Idee kommen, Rechenautomaten nach dem Prinzip von Bild 69 aufzubauen.
Bild 70 zeigt den idealen Aufbau eines Addierwerkes, welches aus nebeneinander
liegenden Zellen besteht und bei dem eine hierarchische Ordnung der einzelnen
Zellen untereinander besteht. Den einzelnen Zellen sind Ziffern verschiedener Werte
zugeordnet. Konstruktiv äußert sich dies in der einseitigen Richtung der Stellenüber-
tragungsleitungen $u_0-u_6$.

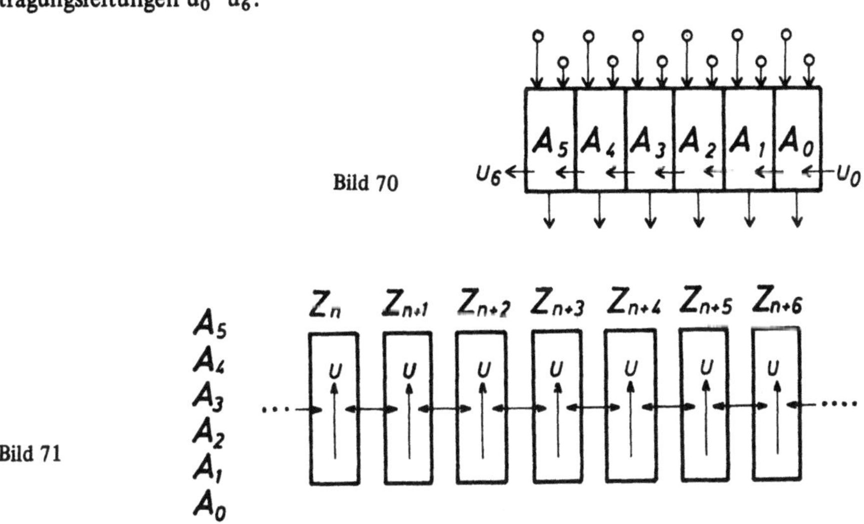



Bild 71 zeigt die Übertragung dieses Gedankens auf einen linearen zellularen Automaten. Jeder Zelle ist ein vollständiges Addierwerk zugeordnet. Jede Zelle $Z_i$ ist in
sich noch einmal in die einzelnen Addierstufen $A_0\ldots_5$ gegliedert. Beim Aufbau
einer entsprechenden Schaltung ist zu beachten, daß die Stellenübertragungen innerhalb der Zellen zeitlich mit den Informationsübertragungen zwischen den einzelnen
Zellen koordiniert werden müssen.

Dieses Prinzip läßt sich konstruktiv verhältnismäßig leicht für eindimensionale und
zweidimensionale zellulare Automaten verwirklichen bzw. vorstellen. Theoretisch
läßt es sich jedoch auch ohne weiteres auf drei- und mehrdimensionale Automaten

übertragen. Wir haben außer den Dimensionen, welche den topologischen Nachbarschaftsordnungen der einzelnen Zellen entsprechen (Raumdimensionen), noch eine Schichtdimension. Diese ist aber in dreidimensionalen Räumen nur gedanklich faßbar und muß konstruktiv in den dreidimensionalen Raum eingebaut (projiziert) werden.

Man könnte noch die Frage stellen, ob bei an sich gleichartig aufgebauten zellularen Automaten durch die Art der Belegung eine hierarchische Ordnung bewirkt werden kann. Bild 72 zeigt das Prinzip. Die einzelnen Zellen können beispielsweise einzelne Addierstufen enthalten und sind nicht in der Lage, eine mehrstellige Zahl aufzunehmen. Diese wird auf mehrere benachbarte Zellen nach dem Stellenwertprinzip verteilt. Die Schwierigkeit besteht darin, diese Ordnung in der Art der Belegung zum Ausdruck zu bringen. Überträgt man das Bild noch auf mehrdimensionale Automaten, so sieht man leicht, daß erhebliche Komplikationen entstehen.

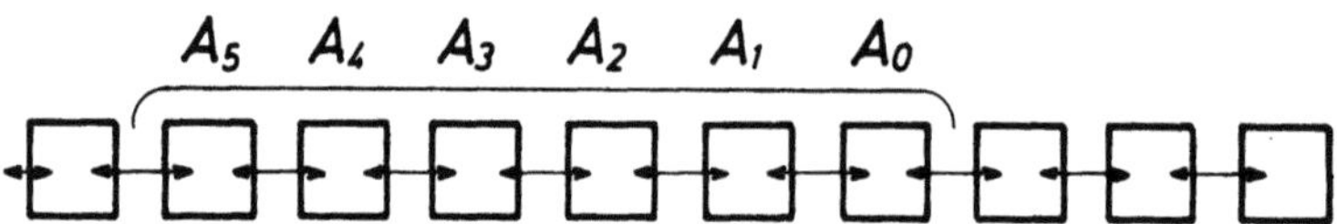


Bild 72 a

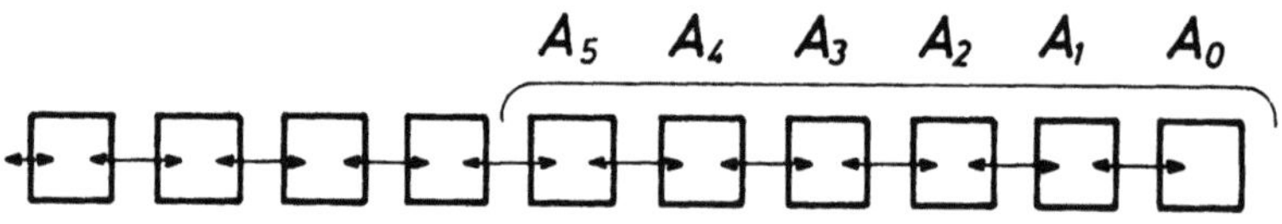


Bild 72 b

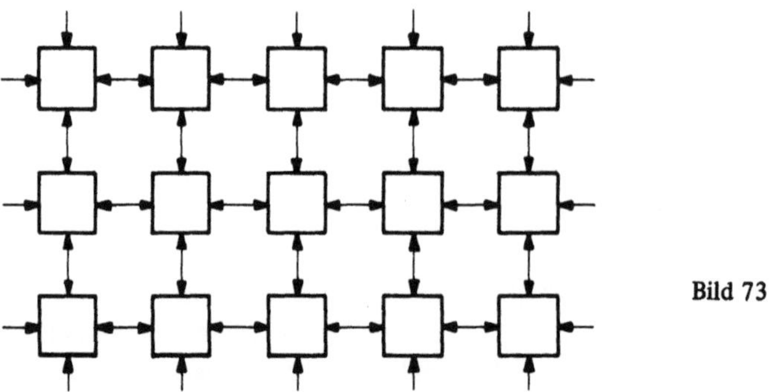

Bild 73

Eine elegante Lösung stellen zellulare Automaten dar, welche in jeder Zelle ein komplettes Rechenwerk enthalten, wie es in Bild 73 symbolisch dargestellt ist. Diese einzelnen Rechenwerke enthalten sowohl informationsverarbeitende als auch informationsspeichernde Elemente.

Eine weitere Entwicklung des zellularen Automaten entsprechend Bild 73 stellt der in Bild 74 dargestellte Netzautomat dar. Die einzelnen Zellen übernehmen hier nur die Informationsverarbeitung. Verzweigungslinien V verbinden die einzelnen Zellen und dienen sowohl der Informationsübertragung als auch Speicherung. Die einzelnen Zellen können dann nach dem im Rechenmaschinenbau bewährten „Serienprinzip" z.B. aus einstelligen Addierwerken bestehen.

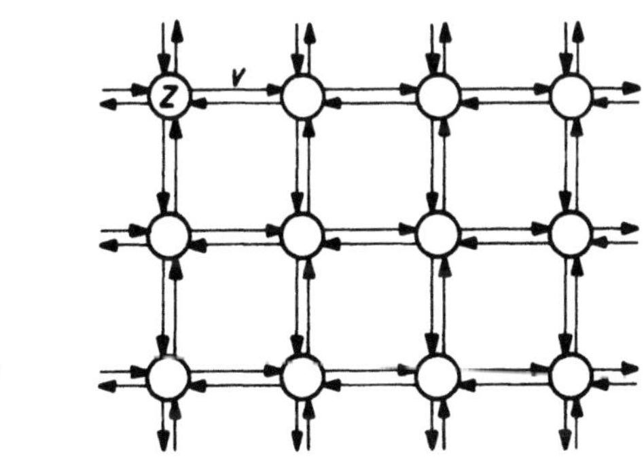


Bild 74

Voruntersuchungen des Verfassers haben gezeigt, daß dieser Automatentyp sehr leistungsfähig sein kann, und zwar sowohl zur Lösung numerischer Probleme als auch zur Simulierung physikalischer Vorgänge. Näheres soll einer besonderen Arbeit vorbehalten bleiben.

# 5. Schluß

Wenn auch die vorhergehenden Betrachtungen noch nicht zu handgreiflichen Lösungen führen, so dürfte doch gezeigt sein, daß der vorgeschlagene Weg einige neue Perspektiven eröffnet, welche wert sind weiterverfolgt zu werden. Die Einbeziehung von Begriffen der Informations- und Automatentheorie in physikalische Betrachtungen wird umso dringlicher werden, je mehr mit ganzen Zahlen, diskreten Zuständen und dergleichen gearbeitet wird.

Im folgenden sei noch eine Gegenüberstellung verschiedener möglicher Auffassungen versucht:

| Klassische Physik | Quantenphysik | Rechnender Raum |
| --- | --- | --- |
| Punktmechanik | Wellenmechanik | Automatentheorie Schaltalgebra |
| Korpuskel | Welle – Korpuskel | Schaltzustand, Digitalteilchen |
| analog | hybrid | digital |
| Analysis | Differentialgleichungen | Differenzengleichungen und logische Operationen |
| Alle Größen kontinuierlich | Einige Größen gequantelt | Alle Größen nehmen nur diskrete Werte an |
| Keine Grenzwerte | Außer Lichtgeschwindigkeit keine Grenzwerte | Minimal- und Maximalwerte sämtlicher Größen |
| Unendlich genau | Unbestimmtheitsrelation | Begrenzte Rechengenauigkeit |
| Kausalität in beiden Zeitrichtungen | Nur statistische Kausalität Auflösung in Wahrscheinlichkeit | Kausalität nur in positiver Zeitrichtung, Einführung von Wahrscheinlichkeitstermen möglich, aber nicht nötig |
|  | Klassische Mechanik wird statistisch angenähert | Wahrscheinlichkeitsgesetze der Quantenphysik durch determinierte Raumstruktur erklärbar? |
|  | Urformel | Urschaltung |

Angesichts der aufgezeigten Möglichkeiten sind selbstverständlich verschiedene
Standpunkte möglich:

1. „Die Idee des rechnenden Raumes steht im Widerspruch zu einigen anerkannten
   Sätzen der heutigen Physik (z.B. Isotropie des Raumes), infolgedessen muß die
   Grundkonzeption falsch sein."

2. „Die Gesetze des rechnenden Raumes müssen so modelliert werden, daß die bestehenden Widersprüche verschwinden."

3. „Die sich aus der Idee des rechnenden Raumes ergebenden Möglichkeiten sind so
   interessant, daß es sich lohnt, die in Frage gestellten Vorstellungen kritisch zu betrachten und ihre Gültigkeit nach neuen Gesichtspunkten zu untersuchen."

Der Verfasser hat sich gefreut, mit einigen wenigen Mathematikern und Physikern
bereits anregende Gespräche über das gestellte Thema führen zu können. Das größte
Hindernis für eine Zusammenarbeit ist wohl die Verschiedenheit der Sprachen, die
in den einzelnen Wissensgebieten angewandt werden. Es ist zu hoffen, daß mit der
Zeit diese Kluft überwunden werden kann und im Sinne der Kybernetik eine echte
Brücke zwischen Physik und Automatentheorie geschlagen werden kann.

Unabhängig von der Möglichkeit, die Idee des rechnenden Raumes auf die physikalische Erkenntnis selbst anzuwenden, bleibt auf jeden Fall die große Aufgaben-
stellung, der theoretischen Physik rechnerische Hilfsmittel zur Verfügung zu stellen,
um für die sehr komplizierten Zusammenhänge numerische Lösungen zu finden.
Trotz des Einsatzes von Großrechenanlagen auf dem Gebiete der Physik sind die
Aufwendungen für die „Software" der Physik heute noch außerordentlich beschei-
den gegenüber den Aufwendungen für die „Hardware". Mit den gigantischen,
Hunderte von Millionen kostenden Beschleunigern stoßen wir in die Bereiche von
Teilchen höchster Energie vor, wobei unsere bisherigen theoretischen Erkenntnisse
einer gründlichen Prüfung auf Allgemeingültigkeit unterworfen werden. Besteht
nicht die Gefahr, daß die Software hinter der Hardware der Physik erheblich hinter-
her hinkt und daß wir bald gar nicht mehr in der Lage sein werden, alle die Erkenntnisse auszuwerten, die uns die praktischen Experimente liefern?

Auf dem Gebiete der Informationsverarbeitung haben wir heute bereits Aufwands-
verhältnisse zwischen Software und Hardware von etwa 1 : 1. In der Physik liegt
dieses Verhältnis heute vielleicht zwischen 1 : 20 und 1 : 100. Ähnliches gilt für die
Chemie. Obwohl die Gesetze der Elektronenhülle im wesentlichen schon seit langem
bekannt sind, können sich heute erst in sehr bescheidenem Umfang junge Wissenschaftler durchsetzen, die sich die rechnerische Chemie zum Ziele gesetzt haben. Der
Verfasser hofft, daß auch hierbei die Idee des rechnenden Raumes nach einiger Zeit
der Vorbereitung gute Hilfsdienste leisten kann.

Als erster Schritt wären jedoch die automatentheoretischen Modelle weiter auszubau-
en, etwa in dem hier gezeigten Sinne. Wenn dieses Werkzeug eine gewisse Reife er-
langt hat, können praktische Ziele gesetzt werden.

Es sei noch betont, daß die bisherigen Untersuchungen des Verfassers rein auf dem
Papier durchgeführt worden sind. Weitere Untersuchungen müßten unter Zuhilfe-
nahme moderner Rechengeräte vorgenommen werden.

 # Logik und Grundlagen der Mathematik
**Herausgeber Prof. Dr. Dieter Rödding**

Eine Buchreihe für Wissenschaftler, Studenten und interessierte Laien. Die Spanne reicht von Berichten über neueste Forschungsergebnisse und Lehrbücher für Studenten bis hin zu allgemeinverständlichen einführenden Schriften.

Der thematische Rahmen umfaßt: *Beiträge zur Begründung der Mathematik im weitesten Sinne, Veröffentlichungen zu Grundlagenproblemen der Mathematik unter dem Gesichtspunkt der mathematischen Logik und Einzeldarstellungen aus dem Gebiet der mathematischen Logik.*

Neben Werken deutscher Autoren erscheinen Übersetzungen ausländischer insbesondere angelsächsischer, französischer und osteuropäischer Fachliteratur, die damit erstmals dem deutschsprachigen Leser zugänglich gemacht wird.

### Band 1: Boolesche Algebra und ihre Anwendung

Von J. Eldon Whitesitt. Übersetzung der amerikanischen Originalausgabe „Boolean Algebra and its Applications" von Uwe Klemm.
Braunschweig: Vieweg, 2. Auflage, 1968, DIN C 5. VIII, 207 Seiten mit 123 Abb.
Paperback DM 10,80 (Best.-Nr. 8184).

### Band 2: Über mehrwertige Logik

Von Alexander Alexandrowitsch Sinowjew. Übersetzung der russischen Originalausgabe von Horst Wessel. DIN A 5. 112 Seiten.
Paperback DM 9,80 (Best.-Nr. 8271).

### Band 3: Elementarmathematik in moderner Darstellung

Von Lucienne Felix. Übersetzung der französischen Originalausgabe „Exposé moderne des mathématiques élémentaires" von Ivo Steinacker.
Mit einem Vorwort von Klaus Wigand. Braunschweig: Vieweg, 2. erweiterte und überarbeitete Auflage, 1969. DIN C 5. XVI, 583 Seiten mit 80 Abb.
Gebunden DM 48,— (Best.-Nr. 8174).

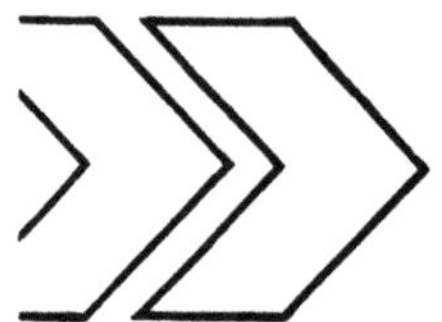

## Die „Familienchronik des Elektronengehirns"

### Rechnen mit Maschinen

Eine Bildgeschichte der Rechentechnik

*Von Dr.-Ing. Wilfried de Beauclair, unter Mitarbeit von H. Hauck, mit einem Geleitwort von Prof. Dr.-Ing. E.H. Konrad Zuse. Braunschweig: Vieweg. Großformat (24 x 30 cm) VII, 313 Seiten mit 565 Abb. 1968. Ganzleinen mit Schutzumschlag DM 96.— (Best.-Nr. 8246).*

**Inhalt:** Die Entwicklung der mechanischen Rechenmaschine — Die Lochkarte als Programm- und Datenspeicher — Entwicklung von programmgesteuerten Rechenanlagen — Rechenautomaten in elektromechanischer Bauweise — Relaisrechner — Rechenautomaten in Röhrentechnik — Halbleiterbauweise — Schaltelemente — Interne Bauelemente und periphere Geräte — Namen- und Sachverzeichnis — Quellenverzeichnis.

Es begann so harmlos mit der einfachen Rechenmaschine. Vom Subtrahieren und Addieren — zu Goethes Zeiten noch Lehrstoff der Universitäten — bis zu den lernenden Automaten, ohne deren künstliche Intelligenz manches Erreichte ein Wunschtraum technischer Phantasie geblieben wäre.

Wilfried de Beauclair, selbst ein Pionier der Rechentechnik, faßt erstmalig den Entwicklungsgang der digitalen und analogen Rechentechnik zusammen. Er zeigt anhand 565 instruktiven Abbildungen den Weg vom Rechenbrett bis zu den Datenverarbeitungsanlagen unserer Tage. Bisher kaum bekannte Systeme aus Japan, der Sowjetunion, den USA und anderen Ländern werden vorgestellt. In wissenschaftlich exakter Weise wird hier ein Überblick über Maschinen, Erfinder und Entwicklungsstellen gegeben. Das Nachschlagen historischer und technischer Sachverhalte wird durch ausführliche Register ermöglicht.

# vieweg

MIX
Papier aus verantwortungsvollen Quellen
Paper from responsible sources
FSC® C105338

If you have any concerns about our products,
you can contact us on
ProductSafety@springernature.com

In case Publisher is established outside the EU,
the EU authorized representative is:
**Springer Nature Customer Service Center GmbH**
**Europaplatz 3, 69115 Heidelberg, Germany**

Printed by Libri Plureos GmbH
in Hamburg, Germany